新技术技能人才培养系列教程

互联网 UI 设计师系列

北京课工场教育科技有限公司

出品

边练边学

移动 UI 商业项目设计实战

肖睿 蔡明 何晶／主编

许长兵 胡志丽 胡强／副主编

U0377848

人 民 邮 电 出 版 社

北 京

图书在版编目（CIP）数据

移动UI商业项目设计实战 / 肖睿，蔡明，何晶主编
. -- 北京：人民邮电出版社，2019.6（2024.1重印）
（边练边学）
新技术技能人才培养系列教程
ISBN 978-7-115-50982-6

Ⅰ. ①移… Ⅱ. ①肖… ②蔡… ③何… Ⅲ. ①移动电
话机－应用程序－程序设计－教材 Ⅳ. ①TN929.53

中国版本图书馆CIP数据核字(2019)第049948号

内 容 提 要

本书主要介绍移动端 App 界面设计的相关知识。全书共 5 章，通过分析教育、电商、医疗、游戏、餐饮这几个行业手机界面的特点，讲解 Android 系统和 iOS 系统 App 界面设计规范，带领读者运用 Photoshop 软件设计、制作出优秀的手机界面。

本书以真实的移动端商业应用项目为载体，涉及业务需求分析、移动端 UI/UE 流程设计、效果图设计、设计图标注与切图等内容，展现了企业移动端 UI 设计开发的真实流程和设计技巧。

本书适合作为设计相关专业的教材，也适合 UI 设计相关从业人员和爱好者阅读。

◆ 主　　编　肖　睿　蔡　明　何　晶
　　副 主 编　许长兵　胡志丽　胡　强
　　责任编辑　祝智敏
　　责任印制　马振武
◆ 人民邮电出版社出版发行　　北京市丰台区成寿寺路 11 号
　　邮编　100164　　电子邮件　315@ptpress.com.cn
　　网址　http://www.ptpress.com.cn
　　北京建宏印刷有限公司印刷
◆ 开本：787×1092　1/16
　　印张：10　　　　　　　　　　2019 年 6 月第 1 版
　　字数：222 千字　　　　　　　2024 年 1 月北京第 4 次印刷

定价：59.80 元
读者服务热线：(010)81055256　印装质量热线：(010)81055316
反盗版热线：(010)81055315
广告经营许可证：京东市监广登字 20170147 号

序　言

丛书设计

互联网产业在我国经济结构的转型升级过程中发挥着重要的作用。当前,方兴未艾的互联网产业在我国有着十分广阔的发展前景和巨大的市场机会,这意味着行业需要大量的与市场需求匹配的高素质人才。

在新一代信息技术浪潮的推动下,各行各业对UI设计人才的需求迅速增加。许多刚刚走出校门的应届毕业生和有着多年工作经验的传统设计人员,由于缺乏对移动端App、新媒体行业的理解,缺乏互联网思维和前端开发技术等,导致他们所掌握的知识和技能满足不了行业、企业的要求,因此很难找到理想的UI设计师工作。基于这种行业现状,课工场作为IT职业教育的先行者,推出了"互联网UI设计师系列"教材。

本丛书提供了集基础理论、创意设计、项目实战、就业项目实训于一体的教学体系,内容既包含UI设计师必备的基础知识,也增加了许多行业新知识和新技能的介绍,旨在培养专业型、实用型、技术型人才,在提升读者专业技能的同时,增强他们的就业竞争力。

丛书特点

1. 以企业需求为导向,以提升就业竞争力为核心目标

满足企业对人才的技能需求,提升读者的就业竞争力是本丛书的核心编写原则。课工场"互联网UI设计师"教研团队对企业的平面UI设计师、移动UI设计师、网页UI设计师等人才需求进行了大量实质性的调研,将岗位实用技能融入教学内容中,从而实现教学内容与企业需求的契合。

2. 科学、合理的教学体系,关注读者成长路径,培养读者实践能力

实用的教学内容结合科学的教学体系、先进的教学方法才能达到好的教学效果。本丛书为了使读者能够目的明确、条理清晰地学习,秉承了以学习者为中心的教育思想,循序渐进地培养读者的专业基础、实践技能、创意设计能力,并使其能制作和完成实际项目。

本丛书改变了传统教材以理论讲授为重的写法,从实例出发,以实践为主线,突出实战经验和技巧传授,以大量操作案例覆盖技能点的方式进行讲解;对读者而言,容易理解,便于掌握,能有效提升实用技能。

3. 教学内容新颖、实用,创意设计与项目实操并行

本丛书既讲解了互联网UI设计师所必备的专业知识和技能(如Photoshop、

Illustrator、After Effects、Cinema 4D、Axure、PxCook等工具的应用，网站配色与布局、移动端UI设计规范等），也介绍了行业的前沿知识与理念（如网络营销基本常识、符合SEO标准的网站设计、登录页设计优化、电商网站设计、店铺装修设计、用户体验与交互设计）。一方面通过基本功训练和优秀作品赏析，使读者能够具备一定的创意思维；另一方面提供了涵盖电商、金融、教育、旅游、游戏等诸多行业的商业项目，使读者在项目实操中了解流程和规范，提升业务能力，发挥自己的创意才能。

4．可拓展的互联网知识库和学习社区

读者可配合使用课工场App进行二维码扫描，观看配套视频的理论讲解和案例操作等。同时，课工场官网开辟教材专区，提供配套素材下载。此外，课工场也为读者提供了体系化的学习路径、丰富的在线学习资源以及活跃的学习交流社区，欢迎广大读者进入学习。

读者对象

➢ 高校学生

➢ 初入UI设计行业的新人

➢ 希望提升自己，紧跟时代步伐的传统美工人员

致谢

本丛书由课工场"互联网UI设计师"教研团队组织编写。课工场是北京大学旗下专注于互联网人才培养的高端教育品牌。作为国内互联网人才教育生态系统的构建者，课工场依托北京大学优质的教育资源，重构职业教育生态体系，以读者为本，以企业为基，为读者提供高端、实用的教学内容。在此，感谢每一位参与互联网UI设计师课程开发的工作人员，感谢所有关注和支持互联网UI设计师课程的人员。

感谢您阅读本丛书，希望本丛书能成为您踏上UI设计之旅的好伙伴！

丛书编委会

前　　言

伴随移动互联网的蓬勃发展，移动UI设计成为各个行业、企业在互联网时代提升市场竞争力的重要手段之一。一款操作方便、易用的移动互联网产品离不开精心的界面设计。本书以典型行业的实战项目为依托，以边练边学的形式，带领读者学习移动端App界面的设计。

通过学习本书，读者可以掌握Android系统和iOS系统的界面布局方式和图标设计规范，熟悉两者的差异；了解交互与用户体验的基本知识；掌握对手机界面进行切图和标注的方法；了解各行业App在设计上的特点及原理；能够按照企业需求，熟练使用Photoshop软件设计出兼顾双系统的手机界面和图标，制作出优秀的手机界面。

本书设计思路

全书共5章，涵盖教育、电商、医疗、游戏、餐饮5个行业的App界面设计，课程内容具体安排如下。

第1～4章：分别介绍了教育类、电商类、医疗类、游戏类手机App界面设计规范和典型案例。其中包括对各个行业手机界面的特点分析，Android系统和iOS系统手机App界面、图标设计规范的知识点讲解，以及运用Photoshop软件设计手机界面的详细操作过程。

第5章：主要解析了Pad端界面设计和餐饮类界面设计。通过对餐饮类Pad端界面的特点分析，帮助读者认识双系统下Pad端界面设计的差异，能运用Photoshop软件制作出优秀的平板电脑界面效果图。

各章结构

学习目标：即读者应掌握的知识和技能，可以作为读者检验学习效果的标准。

本章简介：介绍本章教学内容的背景和本章主要内容。

技术内容：以案例为导向剖析核心技能点，引导读者最终完成相应演示案例的制作。

本章总结：概括本章重点内容。

本章作业：检验读者对重要知识点的理解和掌握情况。

本书提供了便捷的学习体验，读者可以直接访问课工场官网教材专区下载书中所需的案例素材，也可扫描二维码观看书中配套的视频。

本书由课工场"互联网UI设计师"教研团队组织编写，参与编写的还有蔡明、何晶、许长兵、胡志丽、胡强等院校老师。尽管编者在写作过程中力求准确、完善，但书中不妥之处仍在所难免，殷切希望广大读者批评指正！

编者

2019年1月

关于引用作品的版权声明

为了方便读者学习，促进知识传播，使读者能够接触到优秀的作品，本书选用了一些知名网站和企业的相关内容作为学习案例。这些内容包括：企业Logo、宣传图片、手机App设计、网站设计等。为了尊重这些内容所有者的权利，编者特此声明，凡本书中涉及的版权、著作权、商标权等权益，均属于原作品版权人、著作权人、商标权人。

为了维护原作品相关权益人的权益，现对本书选用的主要作品和出处给予说明（排名不分先后）。

序号	选用的作品	版权归属
01	梦幻西游	广州网易计算机系统有限公司
02	手机淘宝	手机淘宝

以上列表中并未全部列出本书所选用的作品。在此，我们衷心感谢所有原作品的相关版权权益人及所属企业对职业教育的大力支持！

智慧教材使用方法

由课工场"大数据、云计算、全栈开发、互联网UI设计、互联网营销"等教研团队编写的系列教材，配合课工场App及在线平台的技术内容更新快、教学内容丰富、教学服务反馈及时等特点，结合二维码、在线社区、教材平台等多种信息化资源获取方式，形成独特的"互联网＋"形态——智慧教材。

智慧教材为读者提供专业的学习路径规划和引导，读者还可体验在线视频学习指导，按如下步骤操作可以获取案例代码、作业素材及答案、项目源码、技术文档等教材配套资源。

1．下载并安装课工场App。

（1）方式一：访问网址www.ekgc.cn/app，根据手机系统选择对应课工场App安装，如图1所示。

图1　课工场App

（2）方式二：在手机应用商店中搜索"课工场"，下载并安装对应App，如图2和图3所示。

图2　iPhone版手机应用下载

图3　Android版手机应用下载

2. 登录课工场App，注册个人账号，使用课工场App扫描书中二维码，获取教材配套资源，依照如图4～图6所示的步骤操作即可。

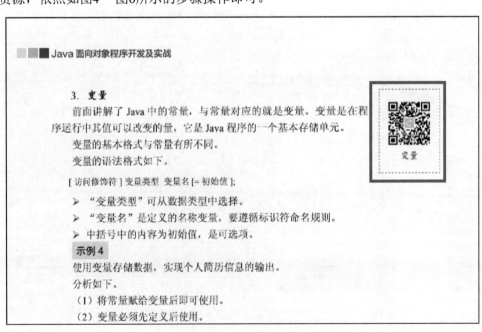

图4　定位教材二维码

图5　使用课工场App"扫一扫"扫描二维码　　图6　使用课工场App免费观看教材配套视频

3．获取专属的定制化扩展资源。

（1）普通读者请访问http://www.ekgc.cn/bbs的"教材专区"版块，获取教材所需开发工具、教材中示例素材及代码、上机练习素材及源码、作业素材及参考答案、项目素材及参考答案等资源（注：图7所示网站会根据需求有所改版，仅供参考）。

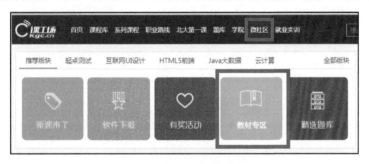

图7　从社区获取教材资源

（2）高校老师请添加高校服务QQ：1934786863（如图8所示），获取教材所需开发工具、教材中示例素材及代码、上机练习素材及源码、作业素材及参考答案、项目素材及参考答案、教材配套及扩展PPT、PPT配套素材及代码、教材配套线上视频等资源。

图8　高校服务QQ

目　　录

第1章　iOS手机教育类App界面设计 ┈┈┈┈┈┈┈┈┈┈┈┈┈ 1

1.1　项目介绍 ┈┈┈┈┈┈┈┈┈┈┈┈┈┈┈┈┈┈┈┈┈ 2
　　1.1.1　乐动云课程项目概述 ┈┈┈┈┈┈┈┈┈┈┈┈ 2
　　1.1.2　教育类App界面设计要求 ┈┈┈┈┈┈┈┈┈┈ 2
1.2　教育类App设计理论 ┈┈┈┈┈┈┈┈┈┈┈┈┈┈┈┈ 3
　　1.2.1　教育类App常见的分类 ┈┈┈┈┈┈┈┈┈┈┈ 4
　　1.2.2　教育类App常见的视觉风格 ┈┈┈┈┈┈┈┈ 4
　　1.2.3　教育类App常见的功能 ┈┈┈┈┈┈┈┈┈┈┈ 7
1.3　项目设计规划 ┈┈┈┈┈┈┈┈┈┈┈┈┈┈┈┈┈┈┈ 8
　　1.3.1　主要目标用户分析 ┈┈┈┈┈┈┈┈┈┈┈┈┈ 8
　　1.3.2　功能层级梳理 ┈┈┈┈┈┈┈┈┈┈┈┈┈┈┈┈ 9
1.4　教育类App界面设计实操 ┈┈┈┈┈┈┈┈┈┈┈┈┈ 12
　　1.4.1　iOS系统启动图标设计 ┈┈┈┈┈┈┈┈┈┈ 12
　　1.4.2　手机App首页设计 ┈┈┈┈┈┈┈┈┈┈┈┈┈ 13
　　1.4.3　教育类App侧边栏设计 ┈┈┈┈┈┈┈┈┈┈ 17
　　　知识链接 ┈┈┈┈┈┈┈┈┈┈┈┈┈┈┈┈┈┈┈┈┈ 18
1.5　切图、标注规范及设计技巧 ┈┈┈┈┈┈┈┈┈┈┈┈ 20
　　1.5.1　切图、标注的常用工具 ┈┈┈┈┈┈┈┈┈┈ 21
　　1.5.2　对手机App首页进行标注 ┈┈┈┈┈┈┈┈┈ 21
　　1.5.3　对教育类App首页进行切图 ┈┈┈┈┈┈┈┈ 24
本章总结 ┈┈┈┈┈┈┈┈┈┈┈┈┈┈┈┈┈┈┈┈┈┈┈┈┈ 27
本章作业 ┈┈┈┈┈┈┈┈┈┈┈┈┈┈┈┈┈┈┈┈┈┈┈┈┈ 28

第2章　Android手机电商类App界面设计 ┈┈┈┈┈┈┈┈ 29

2.1　项目介绍 ┈┈┈┈┈┈┈┈┈┈┈┈┈┈┈┈┈┈┈┈┈ 30
　　2.1.1　美丽街项目概述 ┈┈┈┈┈┈┈┈┈┈┈┈┈┈ 30
　　2.1.2　电商类App界面设计要求 ┈┈┈┈┈┈┈┈┈ 30
2.2　电商类App设计理论 ┈┈┈┈┈┈┈┈┈┈┈┈┈┈┈ 32
　　2.2.1　电商类App常见的分类 ┈┈┈┈┈┈┈┈┈┈ 32

2.2.2 电商类App的特点 ……………………………………………… 36

2.2.3 电商类App常见的视觉风格 …………………………………… 38

2.2.4 电商类App常见的功能 ………………………………………… 40

2.3 项目设计规划 ………………………………………………………… 43

2.3.1 主要目标用户分析 ……………………………………………… 43

2.3.2 功能层级梳理 …………………………………………………… 43

2.4 电商类App界面设计实操 …………………………………………… 45

2.4.1 Android系统启动图标设计 …………………………………… 45

2.4.2 电商类App关注页设计 ………………………………………… 47

2.4.3 电商类App购买页设计 ………………………………………… 49

2.4.4 电商类App引导页设计 ………………………………………… 51

知识链接 ……………………………………………………………… 53

2.4.5 电商类App按钮点9切图 ……………………………………… 54

知识链接 ……………………………………………………………… 56

本章总结 …………………………………………………………………… 56

本章作业 …………………………………………………………………… 57

第3章 医疗类App界面设计 …………………………………………… 59

3.1 项目介绍 ……………………………………………………………… 60

3.1.1 项目概述 ………………………………………………………… 60

3.1.2 医疗类App界面设计要求 ……………………………………… 61

3.2 医疗类App设计理论 ………………………………………………… 62

3.2.1 医疗类App常见的分类 ………………………………………… 62

3.2.2 医疗类App常见的视觉风格 …………………………………… 65

3.2.3 医疗类App常见的功能 ………………………………………… 67

3.3 项目设计规划 ………………………………………………………… 69

3.3.1 主要目标用户分析 ……………………………………………… 69

3.3.2 功能层级梳理 …………………………………………………… 70

3.4 医疗类App界面设计实操 …………………………………………… 70

3.4.1 医疗类App启动图标设计 ……………………………………… 71

3.4.2 手机App界面原型图设计 ……………………………………… 73

3.4.3 手机App首页设计 ……………………………………………… 75

3.4.4 一号药店手机App书架页设计 ………………………………… 78

3.4.5 一号药店手机App登录页设计 ………………………………… 81

知识链接 ……………………………………………………………… 82

本章总结 ·· 85

本章作业 ·· 86

第4章　游戏类App界面设计 ·· 87

4.1　项目介绍 ·· 88

4.1.1　项目概述 ·· 88

4.1.2　游戏类App界面设计要求 ·· 89

4.2　游戏类App设计理论 ·· 90

4.2.1　游戏类App常见的分类 ·· 90

4.2.2　游戏类App常见的功能 ·· 93

4.2.3　游戏类App界面设计的原则 ·· 98

4.2.4　游戏类App开发项目组的团队架构 ·· 100

4.3　游戏类App设计技巧 ·· 102

4.3.1　游戏资源的复用 ·· 102

4.3.2　游戏资源的优化 ·· 106

4.3.3　游戏资源的配置 ·· 110

4.4　项目设计规划 ·· 111

4.4.1　主要目标用户分析 ·· 112

4.4.2　功能层级梳理 ·· 112

4.5　游戏类App界面设计实操 ·· 113

4.5.1　游戏类App游戏主页设计 ·· 113

4.5.2　游戏类App角色技能页设计 ·· 116

4.5.3　游戏类App商城页设计 ·· 119

本章总结 ·· 120

本章作业 ·· 121

第5章　Pad端餐饮类App界面设计 ·· 123

5.1　项目介绍 ·· 124

5.1.1　项目概述 ·· 124

5.1.2　Pad端餐饮类App界面设计要求 ·· 124

5.2　餐饮类App设计理论 ·· 125

5.2.1　餐饮类App常见的分类 ·· 125

5.2.2　餐饮类App常见的功能 …………………………………………… 128

5.3　Pad终端概述 ………………………………………………………… 131

5.3.1　Pad终端基本知识 …………………………………………… 131

5.3.2　Pad端界面设计规范 ………………………………………… 132

5.3.3　Pad端界面设计注意事项 …………………………………… 133

5.4　项目设计规划 ………………………………………………………… 135

5.4.1　主要目标用户分析 …………………………………………… 135

5.4.2　功能层级梳理 ………………………………………………… 135

5.5　Pad端餐饮类App界面设计实操 …………………………………… 137

5.5.1　餐饮类App启动图标设计 …………………………………… 137

5.5.2　餐饮类App欢迎页设计 ……………………………………… 138

5.5.3　餐饮类App点餐页设计 ……………………………………… 139

本章总结 …………………………………………………………………… 141

本章作业 …………………………………………………………………… 142

iOS手机教育类App界面设计

学习目标

- 了解教育类App常见的分类、界面视觉风格及功能
- 掌握侧边栏导航与Tab导航的差异，理解在界面设计中分别使用两种导航的利弊
- 掌握界面切图、标注的规范与技巧

本章简介

　　众所周知，iOS系统是由苹果公司开发并应用于iPhone手机、iPod touch和iPad等移动端设备的操作系统。iOS系统的操作界面以其精致、美观，稳定、可靠，简单、易用，受到全球用户的青睐。

　　本章将通过乐动云课程项目为案例（该项目是为满足教学需要的虚拟案例），介绍iOS系统的手机App界面元素、图标的设计规范和注意事项，以及对界面进行切图与标注的方法和技巧。乐动云课程手机App界面如图1-1所示。

图1-1　乐动云课程手机App界面展示

1.1 项目介绍

随着移动互联网和信息技术的快速发展，人们获取知识的方式和途径发生了巨大变化，新兴的教育品牌在逐步扩大Web端产品的同时，也着手进军手机App市场，移动在线教育类App大批涌现。

1.1.1 乐动云课程项目概述

互联网引领着时代，改变着人们的工作和生活方式。人们接收与反馈信息的方式发生了巨大变化，学习模式也在发生改变。教育类App以其便捷性、经济性、灵活性吸引了越来越多的用户。移动端教育市场在被越来越多商家看好的同时，也面临着如何迅速占领手机App市场的考验。

乐动云课程是A公司旗下专注于互联网人才培养的在线教育平台，该平台为IT领域寻求知识和技术提升的学习者提供编程基础、移动应用开发、PHP编程、Web前端、网络营销、电子商务和UI设计等丰富的在线课程资源，并通过7×24小时的教学服务，帮助学习者从零基础迅速提升，增强其在互联网行业的职业竞争力。随着移动互联网的不断发展，移动端教育类App市场迅猛崛起，A公司决定开发乐动云课程手机App。现有乐动云课程Web端产品截图如图1-2所示。

图1-2　乐动云课程Web端产品截图

1.1.2 教育类App界面设计要求

教育类App的核心目标是成为广大用户学习的平台，凭借智能手机能够充分利用用户碎片时间这一特点，让用户随时随地都能完成学习。以乐动云课程手机App界面设计为例，在符合iOS系统规范的前提下，不但要迎合移动端用户的使用习惯和审美偏好，还要符合教育类App的特点。

1. 界面设计总体要求

（1）手机App在布局上要突出其功能性，可以引导用户快速找到相应的功能。

（2）手机App产品功能、视觉风格应以Web端的产品功能和视觉风格为主要参考。

（3）需要绘制手机App的主界面、用户登录注册界面、我的课程界面、课程详情界面等界面。

（4）对手机App主界面进行切图与标注。

2. 功能要求

乐动云课程手机App需要整合来自Web端产品的功能，再定义需要适配到移动端的相应功能。一般情况下，从Web端向移动端转移时，设计师应考虑屏幕尺寸的不同，还应考虑充分利用移动端截图功能等。设计师需根据移动端的特点，开发与移动端相符的功能，从登录、注册到课程播放、课程详情页面的展示方式。具体功能需求如下。

（1）课程分类：提供详细的课程分类，方便用户快速搜索到相应的学科教程。

（2）个人定制：根据用户的兴趣爱好、学习目标、能力层次，为用户定制适合的课程。

（3）新课推送：在首页等页面及时更新、推送与用户兴趣相关的新课程内容。

（4）在线答疑：提供社区交流学习区，及时回复学员学习中的困惑。

3. 视觉风格要求

为保证统一的视觉形象，手机App需在视觉风格、色彩搭配、图片图标、文字信息等方面与Web端产品保持相对统一。乐动云课程手机App具体要求如下。

（1）视觉风格：手机App采用扁平化设计风格，在界面中通过细边框或无边框来区分模块之间的关联性。

（2）色彩搭配：手机App以蓝色作为主色调，以白色作为背景色，以灰色作为辅助色。所有界面的相同模块需保证使用同一色值，避免同一层级信息内容出现多种色值。

（3）图片图标：所有课程占位图片需与课程内容相关，移动端课程与Web端课程封面需保持同步，减少用户认知和分辨时间；所有图标需保证色彩、大小、线条粗细、复杂程度、风格类型的相对统一。

（4）文字信息：文字排版需清晰明了，解析性文字需保证通俗易懂，视频及视频截图需保证画面的清晰度。

1.2 教育类App设计理论

在快节奏的信息社会里，悠闲地坐在藤椅上阅读、品茶，已经成为人们一种难得的享受。很多传统的生活方式都被改变了，越来越多的人足不出户，也能知天下；越来越多的网上教程使人们在家就能轻松学习。

在移动互联网热潮的影响下，教育类App发展迅猛，中国教育App市场的"金矿"潜力正在逐渐显现。

1.2.1　教育类App常见的分类

1．按照用户人群的年龄分类

按照用户人群的年龄来划分，常见的教育类App主要可以分为以下几类：学前教育类App、基础教育类App、高等教育类App、成人培训类App，如图1-3所示。

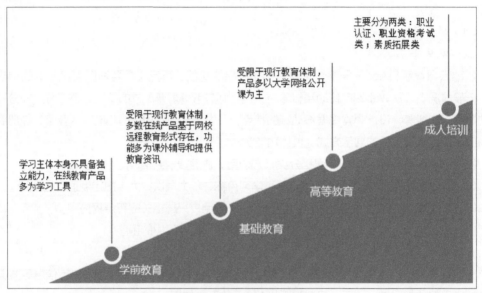

图1-3　按照用户年龄分类

2．按照学习内容分类

按照学习内容来划分，常见的教育类App主要可以分为：视频类App、文档类App、泛学习类App等。

3．按照平台类型分类

按照平台类型来划分，常见的教育类App主要可以分为：C2C（个人对个人）类App、B2C（机构对个人）类App、B2B2C（供应商到品牌商，品牌商再到用户）类App、"C2C+O2O"（个人对个人，线上到线下）类App、"B2C+O2O"（机构对个人，线上到线下）类App等。

1.2.2　教育类App常见的视觉风格

由于教育类App产品针对的受众人群年龄跨度比较大，在界面风格上存在巨大差异，接下来我们就针对不同的用户界面来进行常见视觉风格的总结。

1．学前教育类App界面视觉风格

虽然下载学前教育类App的用户大多是妈妈级别的女性，但是真正的产品使用者仍旧是对世界充满好奇的学前儿童，所以在界面设计上一般会采用五彩缤纷的卡通风格，颜色鲜明且种类丰富，布局简单，尽量避免有隐藏或折叠的视图，按钮清晰且占据的空间比较大，便于小朋友识别

和操作。无论是界面风格还是布局设计，都是为了让小朋友可以在愉快、无压力的场景下进行学习。学前教育类App界面如图1-4所示。

图1-4　学前教育类App界面

2. 基础教育类App界面视觉风格

基础教育类App界面通常使用鲜明的颜色，整体视觉风格更轻快，尽量避免使用过于低龄化的颜色、避免颜色种类过多。基础教育类App界面如图1-5所示。

图1-5　基础教育类App界面

3. 高等教育类App界面视觉风格

高等教育类App界面以单一颜色为主，一般会采用更平稳、更低调的颜色，强调内容为王，弱化界面的视觉冲击力。高等教育类App界面如图1-6所示。

为了彰显自身的设计风格，或是还原真实世界的阅读习惯，还有一部分App界面拟物化程度较高（如模拟笔记本、纸张、皮革本等），如模拟真实的学习环境，营造伏案学习的氛围。拟物化App界面如图1-7所示。在高等教育类App界面的风格选择上，设计师可以根据具体的项目需求和甲方的诉求来决定。

图1-6　高等教育类App界面

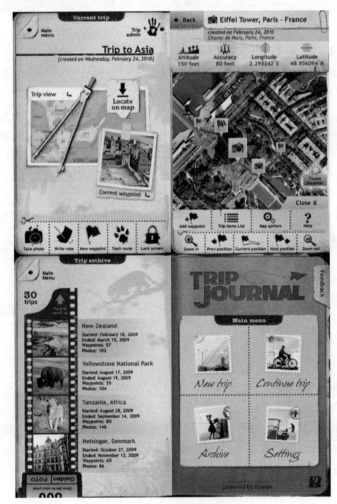

图1-7　拟物化App界面

1.2.3 教育类App常见的功能

教育类App的核心功能是学习，根据企业需求不同，App的功能也并不完全一致。这里列举了一些教育类App比较常见的功能：社交功能、提供学习工具、标注学习进程等。

1. 社交功能

得用户者，得天下！口碑相传是推广App强大有效的途径。用户可以将自己正在学习的内容进行分享，或是将自己整理的学习笔记、重点和难点等分享到QQ空间或微信朋友圈。分享界面如图1-8所示。

2. 提供学习工具

不同于传统的线下教育，移动端的教育产品更注重时效性，提供有效的学习工具是它的亮点和常用功能。如何才能短、平、快地解决问题，是手机教育类App的主要功能之一。如图1-9所示，教育类App提供了练习的功能，学生可以更加方便、快捷、有效地掌握所学知识，老师也可以实时监控学生的学习进程。相较于传统的线下学习方式，教育类App能够有效地降低学习的时间成本。

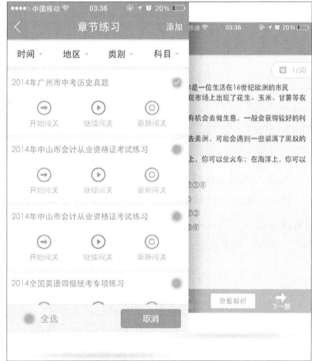

图1-8　分享界面　　　　　　　　　　图1-9　工具界面

3. 标注学习进程

标注学习进程是教育类App常见的功能之一。对于课程数量较多的教育类App来说，用户很容易就迷失在众多条目之中，所以提供标注学习进程的功能至关重要。该功能帮助用户标注哪些课程已经学习过，哪些课程正在学习中，哪些课程还未学习，如图1-10所示。

图1-10　标注学习进程界面

1.3　项目设计规划

当前，很多拥有成熟**Web**端产品的教育企业，为拓展市场、提高知名度、提供更便携的产品，都开始着手设计手机**App**产品。设计师在动手绘制界面的细节之前，首先需要对项目的主要目标用户进行分析。只有明确用户的特征及审美偏好等信息之后，设计师在设计的时候才能够做到有的放矢、投其所好。以下以乐动云课程项目为例进行讲解。

1.3.1　主要目标用户分析

乐动云课程主要目标用户：即将毕业的大学生、初入职场的新人、希望拓展工作技能的职场人士，需要学习实用技能的在职或非在职人群，其特征如下所述。

（1）年轻、有活力、乐于接受新兴事物。

（2）有主动学习、乐于学习的意愿。

（3）专注力较差、专注时间较短。

根据主要目标用户的特征，设计师在界面颜色上可以采用活泼、明快、饱和度较高的颜色；在功能设计上尽量避免过多的页面跳转，让用户可以更快捷、更方便地查找到自己想要的功能；在课程设计上可以采用短视频、短教案、短课程的方式，解决用户专注力较差和专注时间较短的问题。

1.3.2　功能层级梳理

1. 整合Web端产品的核心功能

乐动云课程Web端产品围绕学习提供了多种多样的功能：微课、交互性测试、虚拟实验室、在线答疑、社区等。其中一些功能在手机教育类App中目前尚无法实现（如向学生提供用于测试的虚拟实验室），而另外一些功能则要等到产品上线之后再补充。所以设计师首先需要明确产品的核心功能，即明确教育类App产品提供的主要功能。根据项目进程及产品经理的要求，乐动云课程手机App的核心功能保留了Web端产品中的微课和交互性测试等功能，如图1-11所示。

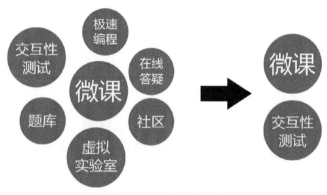

图1-11　确立主要功能

产品功能的筛选工作大都是由产品经理或甲方完成的，但在有些中小型企业的实际项目中则需要设计师来完成所有的工作。设计师在筛选功能时，不能随意、盲目地决定某些功能的去留，而要与产品经理或甲方进行详细的沟通，在保留核心功能的前提下，兼顾各方意见及产品上线时间节点进行功能的筛选。

2. 确立结构布局

产品经理提供的原型图如图1-12所示。

图1-12　界面原型图

显而易见，原型图只是一个概念图纸，无论是尺寸、栏高、文字大小都是没有经过设计的。设计师拿到原型图，需要对不符合设计需求的图纸进行规范与标注，如图1-13和图1-14所示。

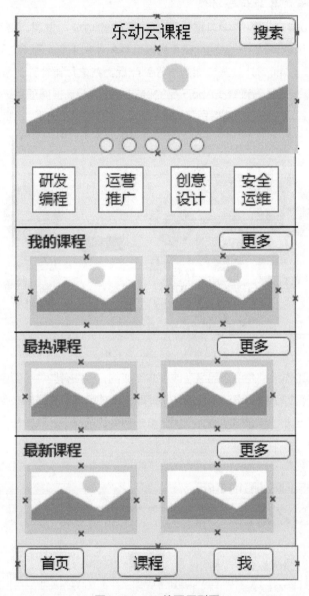

图1-13　App首页原型图

经验分享

原型图中包含大量的图片，设计师要在设计之前与产品经理商议：图片的尺寸是固定的，还是只需要限定长宽比例？一般情况下，Banner轮播图、头像图片、缩略图只需要限定长宽比例；比较小的像素图、图标则需要固定长宽尺寸。如果App产品来自成熟的Web端产品，那么图片要根据Web端产品的图片进行调取，设计师在设计的时候不能随意对图片的尺寸或长宽比例进行设定。

图1-14 标准化的原型图

3. 确立界面设计风格

乐动云课程手机App界面设计风格具体如下所述。

（1）界面以扁平化风格为主，简洁、大方，易于适配到多个终端，也利于用户沉浸在学习情景中。简洁的引导流程，使新用户能在短时间内找到自己想学习的课程。

（2）主体颜色采用蓝色（参数为#178bff），视觉风格与Web端产品保持统一。

（3）使用默认字体，强调设计规范下的美学。

（4）采用极简主义线条图标，呈现简单、秀气、时尚的界面特点。

1.4 教育类App界面设计实操

下面以乐动云课程项目为例，具体讲解iOS手机教育类App界面设计的主要过程。

➤ **项目设计要求**

（1）界面设计尺寸：750px×1334px，或按照测试机实际尺寸进行设计。

（2）图标设计尺寸：1024px×1024px。

（3）分辨率：72ppi。

（4）字体：华文细黑或苹方。

➤ **技能要点**

（1）iOS系统启动图标设计规范。

（2）iOS系统界面设计规范。

（3）界面切图、标注技巧。

（4）侧边栏的设计技巧。

下面将对启动图标、首页、侧边栏进行详细的设计，并且对设计中经常会遇到的问题进行详细的解释。

1.4.1 iOS系统启动图标设计

1．完成效果

乐动云课程启动图标完成效果如图1-15所示。

2．设计步骤

（1）新建一个尺寸为1024px×1024px，分辨率为72ppi的画布。将背景颜色填充为#178bff。

（2）使用椭圆工具绘制白色云形图案，如图1-16所示。

（3）使用文字工具输入"C"，并将其与云形图案对齐。为避免字体丢失而导致图层文件损坏，用鼠标右键单击文字图层，将其转化为形状。最终效果如图1-15所示。

图1-15　乐动云课程启动图标

图1-16　制作白色云形图案

【素材所在位置】素材/第1章/01乐动云课程手机App启动图标设计

1.4.2　手机App首页设计

1. 完成效果

乐动云课程手机App首页设计完成效果如图1-17所示。

图1-17　App首页效果图

2. 设计步骤

（1）新建画布尺寸为750px×1334px，使用这个尺寸是为了更好地进行双系统适配。

（2）使用矩形工具绘制导航栏、标签栏等，使用文字工具输入文字。这一步是为了明确界面的主要布局和色彩，如图1-18所示。

（3）可以使用钢笔工具绘制Banner和各种小图标，也可以在素材网站上寻找样式相同的图标进行参考。设计师要注意在日常工作中积累和储备常见图标素材。

手机App界面的头部绘制完毕，具体效果如图1-19所示。

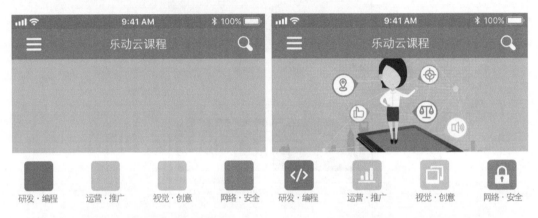

图1-18 明确界面的布局与色彩   图1-19 绘制Banner和小图标

（4）使用钢笔工具和文字工具绘制课程图片部分。由于课程图片的选择来自Web端产品，所以课程图片的长宽比例应严格按照Web端课程图片来设计，如图1-20和图1-21所示。

图1-20 Web端课程界面

图1-21　移动端课程界面

【素材所在位置】素材/第1章/02乐动云课程手机App首页设计

经验分享

（1）当页面较长时，设计师可以将画布的高度拉伸，这样就可以很方便地将所有内容设计进去。设计师同时需要提供一个标准高度的尺寸，方便导入测试手机进行预览和测试。标准高度的界面如图1-22所示。

（2）设计师在界面设计中，如果只使用同一张占位图片，界面往往看起来比较生硬，不够美观，所以建议不要只使用一张占位图片，如图1-23所示。

图1-22　标准高度的界面

图1-23　占位图对比

1.4.3 教育类App侧边栏设计

1. 完成效果

乐动云课程项目手机App侧边栏设计完成效果图如图1-24所示。

图1-24 乐动云课程侧边栏

2. 设计步骤

（1）新建画布尺寸为750px×1334px，颜色填充为#0180ff。

（2）将乐动云课程主界面转化为智能图层，缩小放置在屏幕右侧，使用外发光的图层样式以增加整体的阴影效果，如图1-25所示。

（3）使用段落文字输入文本，可以很方便地通过文字属性面板中的间距进行调节；也可以使用点文字进行排列，使用属性栏中的平分、对齐命令进行处理。设计师可以根据个人的喜好进行具体操作处理。

（4）文字统一使用白色，标题文字略大于分类条目的文字。数量标注的颜色同样也使用了白色，但是其重要级别低于前面的标题文字，所以在图层的属性上降低了透明度，在视觉上进行了弱化。在每个标题前加入小图标进行展示，让用户更容易识别和记忆，界面也更加美观，如图1-26所示。

图1-25　增加图层样式　　　　　　　　　图1-26　文字的差异化设计

【素材所在位置】素材/第1章/03乐动云课程App侧边栏界面设计

知识链接

常见的手机界面导航有侧边栏导航和Tab导航。

（1）侧边栏导航。侧边栏导航又叫抽屉导航或抽屉栏，如图1-27所示。

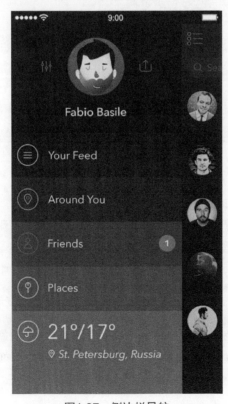

图1-27　侧边栏导航

侧边栏导航可以解决手机界面太小带来的弊端。在手机界面中引入一个三条线的符号来作为侧边栏导航的入口，即"更多"按钮（也叫作"汉堡包按钮"），如图1-28所示。

图1-28 "更多"按钮

当用户单击"更多"按钮之后，从侧边划出一个新的界面，可以放置更多的条目、标签或者功能。

（2）Tab导航。Tab导航又叫标签导航或标签栏。图1-29分别为Android系统和iOS系统的Tab导航。

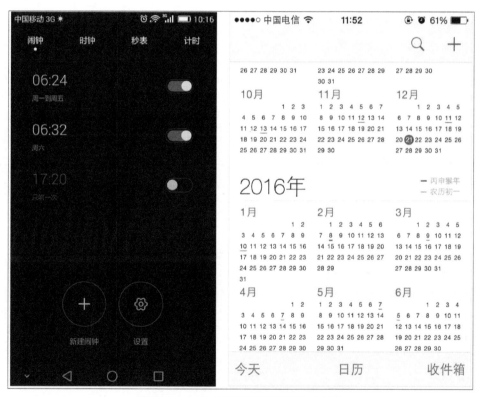

图1-29 Android系统和iOS系统Tab导航

官方推荐使用的标签栏最多只能有5个，当标签多于5个的时候，可将多出的标签收录到"更多"按钮中。设计师在设计时还要考虑双系统下用户的使用习惯，在实际工作中，有时会采用iOS系统的底部导航进行界面布局设计。

（3）侧边栏导航和Tab导航的差异。侧边栏导航和Tab导航都是手机界面和Web端界面常见的布局方式，都能很好地引导用户进行选择和使用。表1-1所示为侧边栏导航和Tab导航的差异。

表1-1 侧边栏导航与Tab导航的差异

	侧边栏导航	Tab导航
别称	侧边栏、抽屉栏	标签栏
优势	让主屏幕有更大的显示区域，能容纳更多的分类条目，增加和删减分类条目更容易	直接放在界面上，简单直观，用户使用方便，一目了然
劣势	需要有一个明显的标志来引导用户，增加用户的学习成本，需要多一个操作步骤才能找到分类信息	占据主屏幕显示区域，只能容纳有限的几个分类条目，增加和删减分类条目受限制
适用范围	适用于分类条目比较多的导航	适用于分类条目比较少的导航 Pad和Web端中比较常见

1.5 切图、标注规范及设计技巧

设计师在完成全部界面的设计之后，并不等于完成了所有的设计工作。为了更好地向程序人员说明界面上所有控件、文字、图片、可点击区域的尺寸、颜色和位置，设计师还需要对界面的各元素进行切图和标注。

切图和标注是实现设计效果的重要环节，产品开发者在实现的过程中需要考虑好各个元素的位置、布局，然后再调用设计师切好的图进行填充。切图是否规范会影响到开发者对设计效果的还原度。而标注则可以使开发者理解设计页面的布局关系、模块大小、颜色与字体规范等。切图与标注工作，既可以提高产品开发的效率，又可以增强团队之间的协作能力。

一般来说，界面中包括如下需要标注的元素：

（1）所有控件的位置：一般可以标注左上角的坐标；

（2）图片、可点击区域、按钮的尺寸；

（3）文字的字号和颜色；

（4）线的宽度和颜色；

（5）浮层或按钮的透明度百分比。

经验分享

设计师可以在Photoshop中完成标注，也可以使用第三方插件进行标注。在Photoshop中标注，步骤较为烦琐，文件体积大，但软件功能相对稳定、修改方便。使用第三方插件进行标注，步骤相对简单，文件体积小，但存在不易安装、稳定性差、插件常出现失效或过期等情况。

1.5.1　切图、标注的常用工具

常用的切图、标注工具有Photoshop、Parker、PxCook、蓝湖、Cutterman、马克鳗等，如图1-30所示。

图1-30　常用的切图、标注工具

Parker能够自动计算尺寸、距离、文字大小、阴影等信息，并按照设计师的需要进行标注，能极大地节省标注的时间，大幅度提升设计效率。

PxCook（像素大厨）是一款免费且易安装的切图标注软件，操作便捷、灵活。PxCook支持PSD文件，可自动识别文字、颜色、距离等；支持iOS、Android系统界面切图、标注操作；支持的标注单位有：PX、PT、DP/SP、REM。

蓝湖产品设计协作平台可以实现在一张画板中展示页面跳转逻辑、管理设计图历史版本、自动标注、制作高保真交互原型、共享团队网盘等功能。

Cutterman是一款运行在Photoshop中的插件，能够自动将设计师需要的图层输出，以替代传统的手动"导出Web所用格式"以及使用切片工具进行逐个切图的烦琐流程。Cutterman支持各种各样的图片尺寸、格式、形态输出，可直接输出符合PC、iOS系统、Android系统等设计规范的切图，它不需要设计师记住复杂的语法、规则，纯单击操作，方便、快捷，易于上手。

马克鳗是基于Adobe AIR平台的一款方便、高效的标注工具。用户运用马克鳗可方便地为设计稿添加标记，极大节省了在设计稿上添加和修改标注的时间。马克鳗使用起来也非常简单，添加测量、改变横纵方向等功能基本都是一键完成。

本章将以PxCook为例，对切图、标注进行讲解。其他几款软件和插件在操作上并没有太大的区别，设计师可以根据个人偏好进行选择。

1.5.2　对手机App首页进行标注

1. 完成效果

乐动云课程项目手机App首页标注完成效果如图1-31所示。

2. 操作步骤

（1）将界面源文件复制一份，建议更改名称为"*-标注.psd"，如果切图在一个文件中，也可以使用"*-切图.psd"进行文件标注。

（2）在PxCook中创建本地项目，选择项目类型为"iOS"。将界面源文件拖曳到项目中，如图1-32所示。

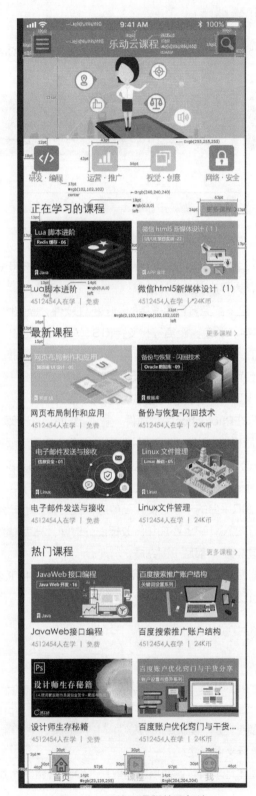

图1-31　乐动云课程首页标注

图1-32 在PxCook中创建本地项目

（3）使用智能标注工具 依次对间距、图片、按钮、可点击区域尺寸、文字的大小和颜色等进行标注，使用距离标注工具 对元素之间的距离进行标注，使用颜色标注工具 对颜色的色值进行标注，如图1-33所示。界面标注最终效果如图1-31所示。

图1-33 在PxCook中对界面元素标注

注意

标注中的注意事项如下：

（1）在对界面进行标注的时候，要注意iOS系统、Android系统的不同选择，即标注单位的选择；

（2）相同的控件元素只标注一次即可；

（3）小于最小点击尺寸的图标按钮需要在四周增加空白像素，即标注热区范围，如图1-34所示。

【**素材所在位置**】素材/第1章/04使用PxCook对乐动云课程手机App首页进行标注

图1-34　界面标注

1.5.3　对教育类App首页进行切图

1. 完成效果

乐动云课程项目手机App首页切图完成效果如图1-35所示。

图1-35　乐动云课程首页切图

设计师在使用PxCook切图时，需开启Photoshop远程连接，设置输出类型、输出尺寸及保存路径。切图设置方法如图1-36所示。

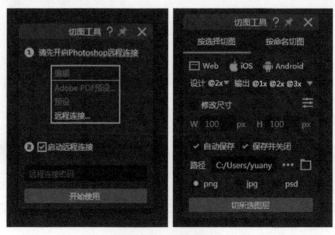

图1-36　切图设置

2. 切图中的注意事项

（1）启动图标的切图。启动图标在手机桌面、**App Store**等不同的地方展示时，是一个带圆角的矩形；但是设计师在提供启动图标的图片时，提供直角的图标即可。启动图标切图及效果图如图1-37所示。

（2）按钮在不同状态下的切图。按钮的状态一般包括：正常状态、点击状态、不可点击状态。在切图的过程中，设计师需要分别对3种不同状态下的按钮进行切图输出。按钮的不同显示状态如图1-38所示。

图1-37 启动图标切图及效果图　　　　　　　图1-38 按钮的显示状态

在开发时间紧张的项目中，设计师有时只设计一种或者两种状态的按钮，而在更为复杂的项目中，也有可能包括其他的按钮状态，即并不限于上述3种。具体情况具体分析，设计师需要提前与项目经理或产品经理沟通，明确到底需要提供按钮哪些状态的视觉效果。

（3）图片未加载状态时的显示效果的切图。设计师在设计界面时，也要考虑到由于各种影响因素导致的图片未加载的情况，这时候，系统会自动调用占位图片，因此设计师需要对占位图片进行设计并切图输出，如图1-39所示。

图1-39 占位图片切图

（4）尺寸小于可点击范围的按钮的切图。在App界面中，会存在部分向导性的指示按钮，这些按钮的尺寸往往小于可点击范围尺寸，设计师在切图时需要在其四周增加空白像素，如图1-40所示。另外需要注意，切图尺寸需与标注相互对应。

图1-40　需增加空白像素的按钮

（5）标签栏图标的切图。在标签栏中，图标的切图方式有两种：一种是单独将图标切出来，另一种是连同图标文字一起输出。标签栏图标切图方法如图1-41所示。

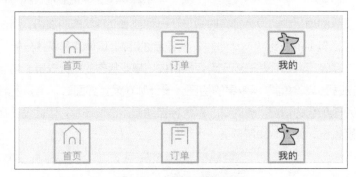

图1-41　标签栏图标切图

（6）全屏类图片切图。全屏类图片的切图要注意控制图片文件的大小。设计师可以利用智能png和jpg在线压缩工具"Tinypng"，在不影响图片质量的情况下压缩较大的图片切图，如图1-42所示。

图1-42　Tinypng在线图片压缩工具

（7）不同系统下的命名规范。iOS系统中的切图命名需要加上双倍图和三倍图的后缀，即@2x、@3x。Android系统中的命名则是采用相同的命名，将切图分别放在不同的文件夹下。iOS系统和Android系统切图命名规范如图1-43所示。

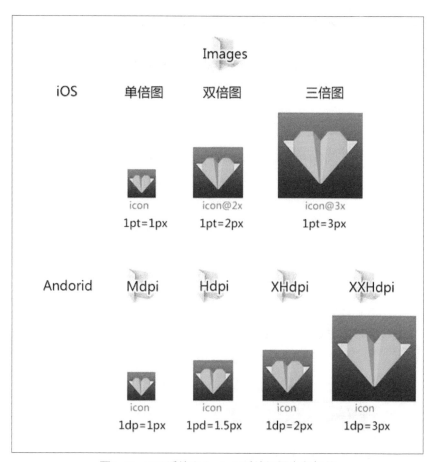

图1-43　iOS系统和Android系统切图命名规范

　　需要说明的是，在iOS系统中，不必把所有的切图都放在一起，设计师可以根据类目或者页面的不同新建文件夹，对切片进行归纳整理；也可以把通用的按钮和控件放在一个文件夹里，剩下的按照一个页面一个文件夹来放置，这样更方便查找与替换。同理，在**Android**系统中，设计师也应进行文件夹的整理，以避免图片素材过多不便于寻找的情况。

　　分类的目的在于方便开发人员查找，刚刚加入项目的新设计师可以多听取其他设计师的意见，或者在工作中提前与程序员沟通。

　　切图工作要放在最后进行，避免由于视觉稿不符合项目需求或应甲方要求进行变更时，后期所有的切图和标注都要进行相应的大幅调整。

　　【**素材所在位置**】素材/第1章/05使用**PxCook**对乐动云课程手机**App**首页进行切图

本章总结

　　本章首先介绍了乐动云课程项目的设计需求，然后讲解了教育类App界面设计的理论知识，详细介绍了其常见的分类、视觉风格和功能。

　　本章还着重强调了侧边栏导航与**Tab**导航的区别，理解它们的区别对于设计师在界面布局设计时格外重要。

本章还介绍了使用PxCook对教育类App界面进行标注的方法。切图与标注是为了开发人员更方便地对界面进行布局和控制，所以在切图与标注之前，请设计师与开发人员充分沟通，寻找最方便的方法，避免重复劳动。这部分内容在实际工作中经常会用到，设计师应灵活掌握标注的方法。

本章作业

根据本章介绍的手机App首页及侧边栏的设计方法，制作酷狗音乐的秀场直播页与个人中心页，效果如图1-44所示。最终完成视觉设计稿可与效果图有所区别，具体设计要求如下。

图1-44　酷狗音乐手机App界面

（1）酷狗秀场直播页与个人中心页在整体页面布局上，大体与效果图保持一致，模块间的布局方式可适当自由发挥。在保证两个页面整体协调统一的基础上，设计稿的页面配色、占位图、图标，可与效果图有所区别。

（2）秀场直播页面布局："音乐/发现/秀场/个人中心/更多"5个标签栏居于状态栏下方，即"音乐/发现/秀场/个人中心/更多"5个标签居于屏幕上方；"直播/MV/电台/唱啊"4个二级导航居于搜索栏下方；其他分类入口，如"酷拍/发现/我的/排行"等，可以采用与效果图相同的轮播布局方式，也可以采用卡片布局方式。

（3）个人中心页面布局：个人中心页面必须使用侧边栏的形式进行设计，即抽屉式导航；用户头像设置功能居于页面上方，具体视觉表现形式可与效果图有所区别；"付费音乐包/在线听歌免流量/听歌识曲"列表，可以保持与效果图一致的列表式布局，也可以采用网格式布局。

【素材所在位置】素材/第1章/06本章作业：酷狗音乐手机App页面设计

第 2 章

Android手机电商类App界面设计

学习目标

- 了解电商类App常见的分类、界面视觉风格及功能、制作流程等内容
- 掌握电商类App系统启动图标的设计方法
- 掌握电商类App关注页、购买页、启动页以及引导页的设计技巧与方法
- 掌握Android系统点9切图的方法

本章简介

在"互联网+"时代，我国电商行业蓬勃发展。2018年"11·11"当天，全网销售总额为3143.2亿元，其中移动端消费占比高达93.6%，Web端消费占比仅为6.4%。

基于移动端设备的便携性，移动端消费方式极大地满足了用户随时随地购物的需求。电商类App成为应用市场中最引人注目的应用类型之一，而作为年度最佳UI设计和用户体验大奖的获得者——美丽街应用，无疑是电商类App中极具代表性的产品之一，如图2-1所示。本章将以美丽街项目作为案例（该项目是为满足教学需要的虚拟案例），带领读者设计出优秀的电商类App界面。

图2-1　美丽街手机App界面展示

2.1 项目介绍

近年来，随着互联网的发展及移动端设备的普及，以及80后、90后等年轻一代加入我国主力消费人群，移动端购物已逐渐成为主流的网购方式。

当前，各企业借助移动端购物平台促成销售，成就了一种新型且有效的营销模式。面对激烈的市场角逐，美丽街在兼顾Web端购物平台的前提下，适时推出手机App，全面进军移动端购物市场，满足消费者的移动购物需求。美丽街作为甲方，立足于主要的用户群体与企业的发展状况，针对美丽街手机App项目，提出如下项目需求。

2.1.1 美丽街项目概述

美丽街成立于2014年，是一家高科技、轻时尚的互联网公司。公司的宗旨：购物与社区相结合，为更多消费者提供更有效的购物建议和决策。公司电商网站致力于为爱美的年轻女性提供衣服、鞋子、箱包、配饰和美妆等商品。美丽街作为最受时尚女性追捧的购物网站之一，以"社区化电子商务"为主要特征。

为尽快将美丽街手机App推向应用市场，满足广大消费者的购物需求，美丽街决定优先开发Android系统的手机App，缩短项目制作周期，加快项目上线日程。

经验分享

App Store对于未遵守苹果数据存储指导方针、未提供测试账号、需与相关硬件配合使用的App未提供演示视频等情况，往往不予以通过。所以，iOS系统下的第三方应用一般上线周期更长。相较于iOS系统下App Store的审核标准，Android系统下的Google Play对上架的第三方应用审核较为宽松，可以让开发者在应用开发、测试和分发过程中尽可能地降低调试的成本。

2.1.2 电商类App界面设计要求

作为Web端产品的衍生品，电商类App旨在借助智能手机，满足广大消费者充分利用碎片化时间，随时随地购物的需求；同时提高商品的购买率和转化率，打造企业宽广的营销平台。

美丽街已经有了成熟的Web端产品，其手机App产品无论是在风格上还是在功能上，都应该与Web端产品保持大体一致，减少用户跨平台操作的障碍。美丽街网站首页如图2-2所示。

1. **界面设计总体要求**

（1）符合手机端用户的使用习惯和审美偏好。

（2）以营销为目的，以转化率为最终目标，符合电商类App的特点。

（3）针对Android系统，设计并制作符合系统规范的App界面，对完整的设计作品进行切图，可延伸区域则需要按照点9切图。

（4）产品功能与界面视觉风格以美丽街Web端产品为主要参考，需要设计并制作启动页和引导页。

图2-2　美丽街网站首页

2．功能要求

美丽街是一个以兴趣为聚合点，以分享为主题的社会化媒体平台。美丽街以电商平台为依托，以瀑布流式的信息为载体，将社区和电子商务相结合，旨在为用户提供前沿的购物分享信息，打造引领国内流行趋势的女性线上购物入口。

美丽街手机App除了提供时尚、潮流的商品之外，还为年轻女性用户提供搭配经验、购物心得等分享内容，打造了一个可以随时随地购物的社区购物平台。美丽街App主要功能框架如图2-3所示。

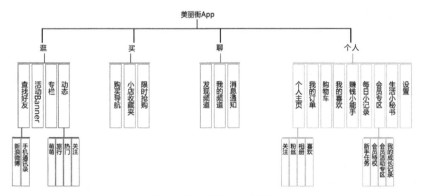

图2-3　美丽街App功能框架

3．视觉风格要求

美丽街手机App的界面设计需紧跟主流设计趋势，整体界面美观大方，采用扁平化风格，强调抽象、极简、符号化的装饰效果，主要突显App的文字图片等信息内容。具体设计要求如下。

（1）页面布局：所有页面的版式结构设计需遵循对称、平衡等基本的美学原理，文字、图片等页面内容的组织合理有序，色彩搭配和谐，页面布局具有统一性与协调性。

（2）信息传递：要求信息传达准确，文字能体现出明确的层级关系、图片能清晰且美观地展示商品、图标能准确表达其功能意图、色块能起到内容分类的作用、图形能起到分割与视线引导的作用等。

（3）文字内容：所有中文文字统一使用"微软雅黑"字体，英文文字统一使用"Arial"字体。页面中相同层级的文字内容需保证颜色与字号统一。

（4）商品图片：商品图片需经过后期精修处理，杜绝出现有水印、模糊不清、变形、无设计感的图片。同一版面中的图片需保证色彩饱和度与明度的整体融合，避免色彩跳跃度过大的现象。

（5）图标：所有功能图标需保持一致的视觉风格，避免出现图标线条粗细不一致、图标复杂程度不一致、图标色彩不一致等现象。启动图标与功能图标应呈现饱满、圆润的感觉，传递出亲切、自然的品牌调性。

（6）色彩运用：以粉色作为界面主色调，以黑色与灰色作为辅助色，以白色作为背景色。在此基础上，可适当增加粉色的近似色、中差色、对比色或互补色作为点睛色。

2.2 电商类App设计理论

移动设备的迅猛发展和无线网络的大范围覆盖改变了人们的购物方式，电商类App的出现更是丰富了人们的生活。

电商的本质就是商家把商品搬到网络上来销售，为人们提供更多的购物选择、更方便的购物体验，并依托IT技术和物流技术形成一种有别于传统营销渠道的新型商业模式。

2.2.1 电商类App常见的分类

1．按照功能分类

按照功能分类，电商类App主要分为网购类App、二手交易类App、移动支付类App、团购类App、比价和折扣查询类App等。

（1）网购类App：如淘宝、天猫、京东等App。通常情况下，Pad客户端和手机客户端都有这类App。图2-4所示为京东手机App页面。

（2）二手交易类App：如闲鱼、转转等App。随着人们的购物频率增加，囤积的无用物品也在增多，越来越多的人们开始选择将闲置的物品出售，二手交易类App随之产生。图2-5所示为闲鱼手机App页面。

图2-4　京东手机App页面

图2-5　闲鱼手机App页面

（3）移动支付类App：如支付宝等App。移动支付是移动购物和消费的辅助手段和功能。随着移动端支付功能的日益普及，移动支付类App应运而生。原本支付宝只是淘宝的一个附属功能，需要付款的时候才会出现，不需要的时候呈现隐身的状态，但是随着移动支付越来越便捷，支付宝的功能也日益丰富，拥有了自己独立的App。图2-6所示为支付宝手机App页面。

（4）团购类App：如美团、大众点评、百度糯米等App。团购是把促销做到极致的速效购物体系，能够提供更多折扣优惠与服务。团购类App一般都预设地图功能，方便用户快速找到商家的确切位置。图2-7所示为美团手机App页面。

（5）比价和折扣查询类App：如Quick拍、我查查、魔印等App。这一类App能更好地刺激用户的购物欲望，为用户提供更便捷的比价功能。图2-8所示为我查查手机App页面。

图2-6　支付宝手机App页面

图2-7　美团手机App页面

图2-8　我查查手机App页面

2．按照商务模式分类

按照商务模式分类，电商类App可以分为B2C类App、B2B类App、C2C类App、O2O类App。其中B（Business）代表企业，C（Customer）代表客户，O（Online或者Offline）代表线上或者线下。图2-9所示为天猫手机App页面。

（1）B2C（Business to Customer）类App：即商品与服务从企业流向个人的电子商务模式。天猫是国内较为典型的B2C平台，它对进驻企业的资质审查较为严格，从而保证了商品的品质，降低了消费者买到假货的风险。图2-9所示为天猫手机App页面。

图2-9　天猫手机App页面

（2）B2B（Business to Business）类App：是企业与企业之间进行商品、服务、信息交换的电子商务模式。敦煌网是典型的B2B平台，其通过互联网帮助中国的中小企业将商品售往世界各地。图2-10所示为敦煌网手机App页面。

图2-10　敦煌网手机App页面

（3）C2C（Customer to Customer）类App：即商品与服务从个体商户流向消费者个人的电子商务模式。较为典型的C2C平台是淘宝。作为国内最大的网络零售平台，淘宝准入门槛相对较低，注册用户数量庞大。图2-11所示为淘宝手机App页面。

图2-11 淘宝手机App页面

（4）O2O（Online To Offline）类App：即将线下的商务机会与互联网相结合的电子商务模式。较为典型的O2O平台是大众点评，其在线为用户提供商户信息、消费点评及消费优惠，同时提供团购、餐厅预订、外卖等服务，从而达到将线上用户成功转化为线下流量的目的。图2-12所示为大众点评手机App页面。

图2-12 大众点评手机App页面

2.2.2 电商类App的特点

每个行业都有每个行业的特征，电商类App同样也有其独特的特点：便捷的购物流程，数量庞大的购物群体，相对低廉的价格、丰富的商品品类以及超强的企业营销意识。

1. 便捷的购物流程

只要有互联网和智能手机，电商类App就可以让用户更方便地购物。

由于智能手机充分利用了用户的碎片时间，所以电商类App在购买流程上更加扁平、更加便捷。普通线下购买流程如图2-13所示。

图2-13　普通线下购买流程

相比之下，常规线上购买流程和急速线上购买流程可以避免用户大量出行、出现排队结算的情况，大大提高了用户购物的效率。线上购买流程如图2-14和图2-15所示。

图2-14　常规线上购买流程

图2-15　急速线上购买流程

2. 数量庞大的购物群体

互联网的存在实现了消费全球化。线下普通店铺的辐射区域仅限于周边的居民及流动人口，而线上消费者来自世界各地。因此，互联网时代的电商企业会拥有数量更为庞大的购物群体。

3. 相对低廉的价格、丰富的商品品类

随着无线网络和智能手机的普及，商家与用户之间的纽带越来越紧密，商家可以不再只依靠中间商或运营商来进行推广和销售，这大大减少了商品流通的中间环节，节省了开支，降低了交易的成本和流通过程中产生的费用，因此商家可以提供价格更为低廉、品种也更为丰富的商品。

4．超强的企业营销意识

"11·11"原本只是调侃单身者的节日，自从天猫运营者将其确立为一个专门促销的日子开始，互联网电商平台就借机轰轰烈烈地拉起了营销的大旗。各种促销、打折活动比比皆是，极大地激发了用户的购物欲望。图2-16所示为某手机App营销界面。

图2-16　某手机App营销界面

2.2.3　电商类App常见的视觉风格

电商类App的页面布局一般以整个应用的功能层级作为设计的出发点。层级高的功能，在页面中的视觉占比较大，且居于较为重要的视觉区域；层级低的功能，在页面中要作视觉的弱化处理，避免喧宾夺主。

电商类App的视觉风格，应与其功能目标、行业属性、主要用户群体的审美倾向、主流的设计趋势相吻合。目前，大多数电商类App都呈现扁平化的设计风格，这不仅因为扁平化风格是App界面的主流设计风格，比较受用户喜欢，更重要的原因在于：电商类App是以购物为中心进行设计的，扁平化的设计风格能最大程度地突显商品内容的重要性，弱化其他装饰性元素，引导用户将目光聚焦在商品内容上，避免其他装饰性元素造成的视觉干扰。

用户的视觉体验、界面的视觉风格，很大程度上会受到界面色彩的影响，因此要做好界面的颜色搭配。颜色是有情感的，不同的色彩能给用户带来不同的感受，不同的人群对颜色的偏好也是不一样的。所以设计师在为App界面配色时，需要考虑不同用户的喜好，不同配色给用户带来的不同视觉感受。下面从不同的用户人群角度具体说明电商类App的常见视觉风格。

1．以年轻女性为主要目标用户的电商类App

以年轻女性为主要目标用户的电商类App通常采用柔和的粉色系。粉色具有可爱、温馨、娇嫩、青春、明快等含义，是个时尚的颜色，通常被认为是偏女性化的色彩。如图2-17所示，"爱美丽Club"是一个以时尚年轻女性为主要用户群体的电商类App，主色调采用了柔和的粉色调，粉色与白色的背景搭配在一起，整体页面显得很青春、活泼。

图2-17 "爱美丽Club"App

2. 以男性为主要目标用户的电商类App

以男性为主要目标用户的电商类App，一般采用富有商务气息的蓝色系、低调的棕色系或者黑色系。图2-18所示是有货手机App的局部界面，从启动图标到用户界面，都以黑色作为主色调，黑色象征庄重、安宁、高雅，可以让其他亮色突显出来。在情感属性上，黑色也能很好地反映男性成熟、神秘、稳重的气质。

图2-18 有货手机App

3. 以儿童为主要目标用户的电商类App

出售儿童、母婴产品的电商类App，其主要目标用户是年轻的妈妈们，所以其颜色仍旧偏向粉嫩，不过相对来说，风格偏向沉稳。粉色系也能细分成很多不同的色调，从淡粉色到橙粉色，再到深粉色。相应的，粉色也有很多名称，如紫红色、浅玫瑰红、橙红、肉色、珊瑚色以及艳粉色。图2-19所示是国际妈咪海淘母婴商城App的部分界面。整体界面以粉色为主，但是在粉色中融入了紫色、红色，在娇嫩、温馨的属性中增添了几分稳重与温柔。

图2-19　国际妈咪海淘母婴商城App

2.2.4　电商类App常见的功能

电商类App的功能有很多，比如商品展示、信息分享、产品或服务预订、加入购物车、在线客服、即时互动、电子会员卡、电子优惠券、定位、后台管理、自定义菜单、智能回复、自定义关注事件、在线支付等。

由于企业需求不同，所以电商类App的功能并不完全一致，这里介绍一些比较常见的功能：商品展示功能、搜索功能、购物车功能、收藏功能、订单功能和其他常见功能。

图2-20　美丽街手机App商品展示页面

1. *商品展示功能*

商品展示是一个基本且十分重要的功能。商品展示中最重要的任务就是提供美观的商品缩略图和清晰的商品描述。图2-20所示为美丽街手机App商品展示页面。

2. *搜索功能*

除了全站导航和类目入口之外，搜索功能是电商类App最常出现的功能之一。当用户有明确的购买需求时，搜索功能就显得尤为重要了。除了提供商品关键字搜索，一般还提供各类排行榜搜索：价格排行榜、销量排行榜、好评指数排行榜等，有些电商类App还提供语音搜索、热门标签搜索等功能。

如果想要让用户高效地搜索商品，那么App应该为用户额外提供哪些便利呢？

第一种方案：输入内容时的自动关联提示。

第二种方案：提供有关流行关键词的提示，能让用户及时地关注热点产品。

当用户开始在搜索框输入时，提供智能的自动完成模式来减少文字的输入量，这是现在比较流行的做法，可以保证用户在最短的时间内完成搜索任务。图2-21所示为常见的搜索导航页面。

在淘宝的手机App中，用户还可以使用图片进行搜索、用户通过调取手机相册中的图片，实现对商品的检索。

3. 购物车功能

线下传统购物车的功能：①增加购买数量、提高客单价。在用户结算前，提供方便的商品存储功能，可以解放用户双手，方便用户购买更多的商品。②放置婴幼儿。大多数购物车还附带婴儿车功能，方便家长在购物的同时照顾孩子。

相较于线下传统购物车，线上电商类App购物车的功能：①方便用户一次性选择多个商品；②方便用户了解商品的总价格；③充当临时收藏夹；④提供促销的最佳场所；⑤提供更为便捷的结账功能：立即购买。

图2-21 搜索导航页面

立即购买功能具体有以下特点：①提供一次性只选择一件商品的快捷支付功能；②省略购物车环节，提供更为便捷的购买入口；③步骤少，购买快。图2-22所示为手机App立即购买页面。

图2-22 立即购买页面

4. 收藏功能

电商类App虽然是以用户购买为主要目标，但是并不强迫用户立即消费，允许用户先将商品或店铺加入收藏夹。用户对商品及店铺的收藏，有助于提高延后消费或二次消费的转化率。

5. 订单功能

当用户购买商品之后，电商类App通常会提供一个列表页来显示用户已经购买商品的名称、数量和价格等主要信息，这就是订单页面。订单页面还提供了查看物流、追加评价等按钮。图2-23所示为某订单页面。

图2-23 订单页面

6. 其他常见功能

电商类App其他常见功能包括：①消息推送：用来把控推送时间，可以选择用户在线数量较多的时间段进行消息推送，而非强行将消息在不合适的时间段推送给用户。②扫描条形码进行价格比对：女性用户尤为喜爱这项功能。③信息分享：互联网时代，信息呈爆炸式增长，得到用户者得天下，善于分享、乐于分享也是互联网用户的主要特征。分享功能是App最常见的功能之一。

经验分享

与大多数App不同的是，有的电商类App为了方便买家和卖家的版不同操作，分别发行了买家和卖家两个版本。图2-24所示为饿了么的用户版与商家版，用户版为用户提供用户评价、订单追踪、多人拼单等功能；商家版为商家提供订单处理、商品管理、门店经营、账单查询等功能。

图2-24 电商类App制作流程

2.3 项目设计规划

拿到一个项目，设计师首先需要考虑的是如何把一个项目需求落实到界面布局和视觉风格上。一般来说，产品需求决定了App的主要功能，App的主要功能决定了结构布局，目标用户的审美偏好决定了界面的视觉风格。由于是从Web端产品衍生而来，所以首先要对Web端产品的核心功能进行筛选。

2.3.1 主要目标用户分析

美丽街项目致力于为时尚女性消费者提供精明的购物攻略与时尚的商品选择。在众多的时尚女性用户人群中，年轻单身女白领作为经济独立的用户群体，是拉动时尚消费的绝对主力。

当下，随着国民经济与国民教育水平逐步提高，我国年轻单身女白领的购买力正同步提升。与此同时，年轻单身女白领群体也呈现逐步扩大的趋势。

据众多一线品牌的销售数据显示，年轻单身女白领的主要消费领域集中在衣服、鞋子、箱包、配饰和美妆等方面。相对于其他消费群体，她们对于新奇有趣的装扮方式、潮流前卫的装扮资讯更为敏感。

与此同时，用户心理学研究表明，年轻单身女白领更热衷于对自身装扮的交流与分享。与其他社会群体相比，年轻单身女白领有钱、有时间，更有花钱的冲动。只要商品够时髦、够奇趣，她们就愿意付费。由此总结出年轻单身女白领的具体特征如下。

（1）性格特征：开朗、活泼、热情，乐于接受新兴事物。

（2）品位特征：追求个性的同时紧跟时代潮流，爱购物，物品更新换代的速度很快。

（3）心理特征：爱冲动、爱分享，喜欢社交。

（4）消费观：消费欲望强，对认准的品牌的商品重复购买次数多。

2.3.2 功能层级梳理

1．整合Web端产品的核心功能

设计和制作手机App的第一步，就是罗列成熟的Web端产品的主要功能，并对其进行筛选，从而整合和确立移动端产品的功能。

产品经理根据项目需求，对主要功能进行筛选，筛选出符合移动端产品特征的功能。在实施过程中，产品经理需要与其他部门进行协商，确立一期上线的主要功能，如图2-25所示。

图2-25　确立手机App的主要功能

2．确立结构布局

确定了手机App的主要功能之后，设计师就可以由功能出发，绘制界面的结构布局了。以下提供了几个确立结构布局的方法。

（1）从功能引出结构布局：功能的重要程度决定了信息显示的优先级。设计师应把核心功能图标放在页面前端和重心位置，而将其他次要功能图标放在"发现"或"更多"按钮里面，以简化、删除或合并次要信息。设计师还应改善用户体验，增强交互，让用户最关心的内容显示在页面主要区域中。

（2）扁平化布局：为了让用户以尽可能少的步骤找到自己需要的任务，设计师可以在各个页面不断重复核心功能的布局。

（3）整体布局规划：①将用户常用的功能图标放置在屏幕下方的标签栏；②将重要的功能图标（如购物车）固定在屏幕右上角的快捷功能键位置，将其他功能图标放在更多按钮（侧边栏）里面。

（4）让用户知道自己在哪里：①一级页面底部用颜色明确标出用户所在的位置；②二级页面在顶部导航栏中，左侧为返回按钮。

图2-26所示为美丽街关注页的结构布局。

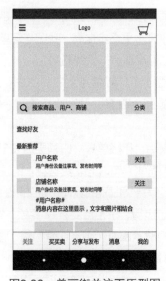

图2-26　美丽街关注页原型图

2.4　电商类App界面设计实操

下面以美丽街项目为例，具体讲解Android手机电商类App界面设计的主要过程。

> **项目设计要求**

（1）界面设计尺寸：1080px×1920px。

（2）图标设计尺寸：1024px×1024px。

（3）分辨率：72ppi。

（4）字体：微软雅黑。

（5）针对平台：Android系统。

> **技能要点**

（1）Android系统启动图标设计规范。

（2）Android系统界面设计规范。

（3）点9切图。

（4）占位图片的选择与设计。

（5）启动页与引导页设计。

2.4.1　Android系统启动图标设计

美丽街Android系统启动图标设计完成效果如图2-27所示。

图2-27　美丽街App启动图标

美丽街手机App启动图标设计步骤如下。

（1）新建一个512px×512px，分辨率72ppi的画布。新建一个512px×512px，圆角半径为90px的粉色圆角矩形，如图2-28所示。

图2-28　新建粉色圆角矩形

（2）绘制多个等腰三角形，并将其转换为智能对象。要求各个三角形间距平均，颜色采用粉红色与玫红色之间的渐变过渡颜色。效果如图2-29所示。

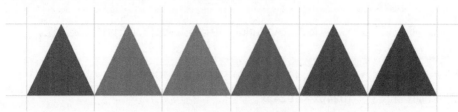

图2-29　绘制等腰三角形

注意

设计师在绘制的时候可以利用网格系统、辅助线、属性栏中的对齐和平均分布按钮进行绘制。

（3）将粉色三角形智能对象图层进行复制与对齐，完成效果如图2-30所示。

（4）使用钢笔工具绘制手提袋的吊绳与钉子，添加图层样式，调整光源及质感。添加细节后的启动图标如图2-31所示。

图2-30　平铺粉色三角形智能对象图层　　　　　图2-31　添加细节

（5）输入文字"美丽街"，并将其转为形状，使用直接选择工具调整文字形状，为文字添加图层样式。美丽街Android系统启动图标完成效果如图2-27所示。

【素材所在位置】素材/第2章/01美丽街Android系统启动图标设计

经验分享

以下方法可以在实际环境中测试启动图标是否清晰可见。

（1）将手机主屏幕进行截图，然后导入计算机备用。

（2）在Photoshop中打开手机主屏幕图片，然后将制作好的美丽街启动图标拖曳到图片上，并调整大小和位置。

（3）将完成的图片重新导入手机，模拟实际环境进行测试。注意文字是否清晰可见、粉红色渐变是否存在混乱等情况。

2.4.2　电商类App关注页设计

美丽街手机App关注页设计完成效果如图2-32所示。

图2-32　美丽街关注页

 经验分享

（1）使用更适合设计尺寸的网格系统。如果新建XXHdpi作为画布尺寸，由于1dp=3px，则应该建立8dp（24px）的网格系统进行参考，最小点击区域48dp（144px）。

（2）选择更符合项目需求的占位图片。占位图片的选择是至关重要的。占位图片虽然对最终上线的界面没有实质的影响，但对于一个高保真界面来说，占位图片的选择有时候直接影响整个界面最终的视觉风格与定位。在保证图片清晰、美观的前提下，要选择那些符合主要目标用户或甲方心理预期的、符合产品定位的占位图片。如图2-33所示，销售母婴产品的App的占位图片一般会选择带有母婴特色的产品图片。如图2-34所示，以年轻女性为主要目标用户的App的占位图片大多会选择模特图片。

图2-33　母婴类App占位图片

图2-34 美丽街手机App占位图

（3）善于使用对齐和分布选项。对于屏幕尺寸较小的手机，界面设计中极少量的错位也很容易引起用户的注意，所以设计师要严格对所有的图片、文字等进行平分和对齐。设计师在Photoshop中使用选择移动工具后，可以轻松地在界面上方找到分布和对齐按钮。

美丽街手机App关注页设计步骤如下。

（1）新建一个1080px×1920px的画布，分辨率为72ppi。设计师通过选区工具与参考线，确定页面的状态栏、标题栏、底部标签栏以及左右两侧安全点击区域范围，并根据原型图添加相应的功能图标，效果如图2-35所示。

（2）根据黄金分割比例确定Banner区域与"最新推荐"版块之间的视觉占比，并为Banner区域匹配占位图，适当调整占位图饱和度与明度，使其色调与整体页面保持和谐，效果如图2-36所示。

图2-35 确定页面基本布局

图2-36 匹配占位图

（3）根据原型图结构，使用分割线或色块对"查找好友"与"最新推荐"版块进行功能分区，效果如图2-37所示。

图2-37　分割版块区域

（4）为"最新推荐"版块匹配占位图和排版文案，通过色彩与字号区分文案的层级，效果如图2-32所示。

【素材所在位置】素材/第2章/02美丽街手机App关注页设计

2.4.3　电商类App购买页设计

美丽街手机App购买页设计完成效果如图2-38所示。

图2-38　美丽街购买页

经验分享

（1）界面上如果反复出现同一个元素，那么设计师可以将重复的元素进行整理，然后将其转化为智能对象图层。这样做可以大大降低计算机内存的负荷量，减少设计师的工作量，从而节省工作成本和时间。

（2）在界面上使用小图片代替图标使用时，要注意摄影图片的清晰度和美观度，应选择光源统一、风格一致、角度相同、明暗度区别不大的小图片。

（3）文字的重要程度要从颜色、大小上加以强调和区分。界面中使用最多的除了图片就是文字。文字的重要程度不同，决定了它们在大小、颜色、位置上的区别。图2-39所示为手机App界面中字体差异化设计的表现。

图2-39　字体的差异化设计

（4）当图片或图标尺寸小于48dp时，切图时只需要将边缘多切一些透明像素，保证它的热区尺寸在48dp以上就可以了。切图方法如图2-40所示。

图2-40　图标热区

美丽街手机**App**购买页设计步骤如下。

（1）新建一个**1080px×1920px**的画布，分辨率为**72ppi**。将美丽街手机**App**关注页面中的状态栏、标题栏以及标签栏进行编组，并放入购买页中，修改标题栏与标签栏功能图标的配色。设计师应根据功能需求，在购买页的标题栏中增加搜索功能，效果如图**2-41**所示。

（2）根据黄金分割比例，在标题栏下方确定**4**个功能版块：快时尚、淘世界、品牌馆、红人**BAZAAR**，并为各版块匹配占位图，排版主标题与副标题文案。效果如图**2-42**所示。

图2-41　确定页面基本布局

图2-42　添加占位图

（3）按照商品分类，添加商品类目入口，匹配相关商品占位图。完成效果如图**2-38**所示。

【**素材所在位置**】素材/第2章/03美丽街手机**App**购买页面设计

2.4.4　电商类App引导页设计

美丽街手机**App**引导页设计完成效果如图**2-43**所示。

图2-43　美丽街手机App引导页

美丽街手机App引导页设计步骤如下。

（1）新建画布。将主要内容区域用辅助线分隔开，效果如图2-44所示。

图2-44　新建画布

（2）使用钢笔工具绘制界面下方的波浪，使用图层样式叠加渐变颜色。波浪效果如图2-45所示。

图2-45　波浪效果

（3）选择比较粗的字体输入"VACATION"字样然后使用剪切蒙版对文字部分进行颜色的叠加与分割。字体效果如图2-46所示。

VACATION

图2-46　绘制字体

（4）对模特进行抠图，将其拖曳到文件中，将文字调整到合适的大小和位置。效果如图2-47所示。

图2-47　排版文案与模特

（5）绘制一个矩形放置在人物图层下方，将透明度调至0%，然后为矩形添加图层样式：使用内部描边，描边样式选为"渐变叠加"。描边效果如图2-48所示，参数设置如图2-49所示。

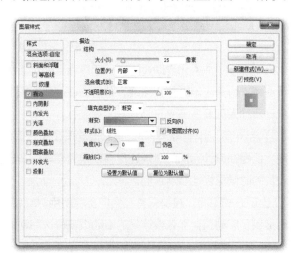

图2-48　绘制矩形框　　　　　　　　图2-49　图层样式

（6）添加装饰性线条，调整细节，完成引导页的制作。完成效果如图2-43所示。

【素材所在位置】素材/第2章/04美丽街手机App引导页设计

知识链接

引导页与启动页的设计技巧及方法。

在用户启动App但未完全启动之前，一般会出现一张或几张含有Logo或阐述性文字的图片。这种页面被称为引导页或启动页。

（1）引导页。引导页是用户首次安装或者更新App之后打开页面时，呈现的用户"说明书"。引导页阐述的内容包括功能说明、情感诉求、整体概括等。图2-50所示为手机App中常见的引导页。

图2-50　引导页设计

（2）启动页。在App启动过程中，用户看到的过渡页面（或动画）都被统称为启动页。由于启动页在每次打开应用时都会出现，并且往往停留很短的时间，就像闪现的效果一样，因此也有人把启动页称为闪屏。

（3）启动页、引导页的异同。虽然启动页和引导页都是用户启动App后，进入首页之前出现的界面，但是在设计它们的时候还是存在很大差异的。设计师要了解启动页与引导页的差异，才能在设计的时候更好地展示它们。

① 出现方式不同：建议只有在用户初次使用时或者更新App后，才提供引导页。如果App在设计时提供了启动页，那么设计好的启动页在每次启动的时候都会出现。

② 消失方式不同：引导页一般需要手动单击翻页才会消失。而启动页只出现几秒钟的时间，会自动消失。

③ 数量不同：引导页的数量一般不超过5页。启动页只有一页。

④ 功能不同：引导页带有功能引导的作用。启动页出现时间短，不具备功能引导的作用。

2.4.5　电商类App按钮点9切图

对"去逛逛"红色按钮（264px×88px）进行点9切图，完成效果如图2-51所示。

图2-51　按钮点9切图

美丽街手机App按钮点9切图步骤如下。

（1）新建一个尺寸为264px×88px，分辨率为72ppi的画布，在画布上新建一个尺寸为264px×88px，圆角半径为8px的圆角矩形。效果如图2-52所示。

图2-52　圆角矩形

> **注意**
>
> 　　当按钮在任何屏幕尺寸上都不发生形状拉伸时，设计师应将其存储为png格式；当按钮需要在屏幕上发生形状拉伸时，设计师则应该采用点9格式进行切图。

（2）为保证图片尺寸最小，所占空间最小，设计师应缩小按钮尺寸，效果如图2-53所示。

（3）将画布的上、下、左、右分别增加1px，即长和宽各增加2px。用黑色铅笔绘制拉伸和显示区域。效果如图2-54所示。

图2-53　缩小按钮尺寸　　　　图2-54　绘制拉伸及显示区域

（4）存储图片为Web格式，选择PNG24，然后手动将文件名后缀改成.9.png。

【素材所在位置】素材/第2章/05美丽街手机App按钮点9切图

知识链接

点9即.9，是Andriod系统平台的应用软件开发里使用的一种特殊的图片形式，文件扩展名为：.9.png。设计师在Android系统平台下使用点9切图技术，可以对图片进行横向和纵向的同时拉伸，以实现在多分辨率下的完美显示。

点9切图相当于把一张图片分成了9个部分，分别为4个角、4条边和一个中间区域。点9切图原理如图2-55所示。图片4个角在变形中是不做拉伸的，所以可以一直保持圆角的清晰状态，而2条水平边和2条垂直边分别只做水平和垂直拉伸，图片基本上不会发生太大的变形和扭曲。

图2-55 点9切图的原理

本章总结

本章讲述了电商类App的两种分类方式——按照功能分类及按照商业模式分类。另外，本章深入阐释了电商类App区别于其他应用的特点：便捷的购物渠道和流程，数量巨大的购买用户基数，价格更低廉、数目更庞大的商品体系以及超强的营销意识。

设计师在设计电商类App界面时，需要针对主要用户群体进行合理配色：以年轻女性为主的电商类App多采用柔和的粉色系；以男性为主的电商类App一般以蓝色系、棕色系或者黑色系为主；以儿童为主的电商类App颜色也偏向粉嫩。

设计师将Web端产品向手机App进行适配时，需要对产品功能进行筛选，并按照功能的层级，对手机App页面进行重新布局。电商类App比较常见的功能包括：商品展示、搜索、购物车、收藏、订单。

点9切图技巧是本章学习的重点及难点，设计师在Android系统平台下使用点9技术，可以同时进行图片横向和纵向的拉伸，以实现在多分辨率下的完美显示。

引导页与启动页都是电商类App界面的重要组成部分，设计师要深入理解其概念与作用的区别，出现与消失方式、功能与数量上的区别。

本章作业

根据本章所学的引导页的设计方法与技巧，以京东吉祥物"京东狗"作为页面主体元素，为京东手机App设计3个引导页，最终完成效果图如图2-56所示。具体要求如下。

（1）页面布局：3个引导页的主体元素分布、色彩搭配方式、文案排版方式上要保持一致。

（2）色彩运用：3个引导页的背景色均为径向双渐变配色方案，每个页面所用渐变色彩可以与效果图有所不同。

（3）画面元素："京东狗"、购物袋、金币、红包、商品等画面元素可以与效果图有所区别，但是必须保证3个页面中的"京东狗"风格一致。

（4）文案信息：主标题文案可在字库字体的基础上，转为形状图层，并适当调整外观形态。主标题与副标题、日期在页面中需体现出明确的层级关系。

图2-56　京东手机App引导页

【素材所在位置】素材/第2章/06本章作业：京东手机App引导页设计

第 3 章

医疗类App界面设计

学习目标

- 了解医疗类手机App的常见类型、常见功能及界面视觉风格等理论知识
- 掌握拟物风格启动图标的绘制思路及设计方法
- 熟悉同一手机App适配iOS系统与Android系统时，在遵循系统设计规范的前提下应体现的界面设计差异
- 掌握医疗类手机App拟物化风格首页界面、书架界面及登录界面的设计方法

本章简介

相关统计数据显示，我国目前共有药品生产企业6000多家，消费市场达3500多亿元；保健品生产企业3000多家，消费市场超过2000亿元。业内人士分析称：2020年我国健康产业产值将达到8万亿元人民币。

预计未来10年，中国健康产品的消费额将在目前的基础上成倍增长，医疗健康产业作为我国市场经济改革非常重要的一块阵地，可拓展的市场空间十分广阔。马云也曾预言：下一个超过他的人将来自于大健康产业。

移动医疗是大健康产业中的重要组成部分，伴随移动网络的广泛普及，逐渐走入人们的视野。移动医疗类App，既有利于全面提升企业形象，方便广大患者求医问药；又能助力企业实现精准的移动营销，领先于同行。

本章以一号药店项目为案例（该项目是为满足教学需要的虚拟案例），详细讲述医疗类手机App界面设计中应了解的理论知识；并深入讲解拟物化风格界面在适配iOS系统与Android系统时，从低保真原型图到高保真效果图的设计过程中，应遵循的平台设计规范。通过理论与实践的学习，设计出的拟物化风格的一号药店手机App界面如图3-1所示。

图3-1　一号药店手机App界面

3.1　项目介绍

2014年被誉为中国"移动医疗元年"，在这一年里，移动医疗的概念逐渐明晰，医疗信息化建设提速，互联网巨头纷纷加紧布局移动医疗。相关统计数据显示：截至2017年，我国移动医疗领域融资共计67笔，交易总额约为80亿元。

随着大量资本的涌入对移动医疗行业的培育，加之移动医疗行业内部本身的高速发展，各种移动医疗应用软件应运而生。医疗类手机App既能为患者免去排队挂号的时间，又能降低患者寻医问药的部分费用，在一定程度上缓解了我国医疗资源供不应求的现实状况，满足了广大患者对健康生活的追寻需求。

参考视频：一号药店
项目——医疗类App
设计（1）

参考视频：一号药店
项目——医疗类App
设计（2）

3.1.1　项目概述

一号药店隶属于北京某医药连锁有限公司。该公司拥有众多的执业药师及专业医师团队，为用户提供更专业的用药和问诊咨询服务；同时还为用户提供健康百科、专题导购、营养搭配等相关资讯服务，为用户提供一站式购药的便捷体验。

随着移动医疗行业的快速增长，线上医疗市场体系日趋成熟，该公司决定开发一款医疗类手机App，主要面向大中型城市忙碌的上班族。功能以医疗咨询、药品出售为主，旨在获取更多线上用户和订单，拓展公司业务范围等。

鉴于一号药店手机App的用户群体庞大，且患者来自不同的社会阶层，收入、年龄、教育水平参差不齐，所以一号药店手机App需要兼顾iOS系统与Android系统，尽可能满足不同操作系统用户的健康需求。

与此同时，一号药店手机App在界面设计与交互设计中应尽量保持统一，保证一号药店品牌形象的统一性，并且要兼顾iOS系统与Android系统在设计规范上的差异。

3.1.2 医疗类App界面设计要求

下面以一号药店为例，介绍医疗类手机App界面设计要求。

1. 界面设计总体要求

（1）兼顾iOS系统和Android系统设计规范，符合大众审美。

（2）针对移动端用户，符合移动端用户的使用习惯。

（3）需体现出医疗行业健民、惠民、便民等相关属性。

（4）以药品出售、健康咨询为目的，以转化率为最终目标，实现百姓便利、企业盈利的双赢。

（5）设计并绘制启动图标、首页、登录页、书架页。

2. 功能要求

一号药店手机App是为患者提供全方位寻医问诊、药品零售的综合性医疗服务平台。主要功能要求如下。

（1）轻松找药：对药品品类进行细分，方便用户根据自身症状快速查找对症药品。

（2）药品配送：提供便利的购药流程和快捷的药品配送到家服务。

（3）用药提醒：每天多时段提醒患者按时用药；患者可以自定义提醒周期，满足服药需求。

（4）药师咨询：为患者提供全方位的就医服务，一对一的名医在线咨询服务。

（5）医药百科：为用户提供丰富的健康饮食资讯、常见病预防及治疗措施、医疗行业先进技术、科普知识等。

3. 视觉风格要求

一号药店手机App需通过视觉风格的合理运用、图标和图形的趣味形象、页面功能的合理布局、界面色彩的合理搭配、信息内容的详实准确，来充分体现公司关爱百姓健康、惠及千万家的仁德精神，帮助企业在百姓心中树立起友善、亲民的企业形象。具体视觉设计要求如下。

（1）视觉风格：一号药店手机App整体呈现为拟物化风格，模拟现实物品的造型和质感，通过叠加高光、纹理、材质、阴影等效果对实物进行再现。拟物化风格的界面使得用户认知和学习成本低，体现了公司细致入微的人文关怀。

（2）图标和图形：一号药店手机App所有图标设计圆润、饱满，体现出友善、温和的气质，切忌边角尖锐、生硬，给用户以锋利的感觉；所有占位图片应保证清晰度，且与医疗行业相关，切忌使用医患纠纷、暴力等图片。

（3）页面功能：绘制一号药店手机App高保真设计稿前，应先根据功能的优先级，绘制页面的低保真原型图。所有功能需按照重要性合理布局，将重要的功能放置在页面中易于发现和操作的区域，将不重要的功能进行视觉弱化处理，尽量避免干扰、中断用户的正常操作。

（4）界面色彩：一号药店手机App所有界面建议使用明度较高、饱和度较低的中性色进行搭配。利用色彩反映医疗行业的行业属性，建议设计师使用青色或绿色作为界面主色调，使用白色或其他浅色调作为背景色，切忌使用黑色或红色作为主色调。

（5）信息内容：一号药店手机App中所有文案需清晰易于辨认，保证良好的可读性；另外，与医学相关、专业性较强的内容与词汇，需要有备注，保证信息内容准确且易于用户理解。

3.2　医疗类App设计理论

近年来，随着全民保健意识的提高，"小病拖、大病扛"的观念正逐渐被国人所摒弃，逐步回归到"预防为主、防治结合"的医学本源。医疗领域新的服务模式不断涌现，服务内容和服务边界也在不断扩展和延伸，大健康时代已经向我们走来。

参考视频：一号药店
项目——医疗类App
设计（3）

目前的应用市场中有2000多款医疗类App。按照功能及主要用户群体，医疗类App大体可分为5种：满足特定患者寻医问诊需求的App，满足专业人士了解专业信息和查询医学参考资料需求的App、满足患者预约挂号及就医咨询需求的App、医药产品电商App，以及提供细分服务的App。

3.2.1　医疗类App常见的分类

1．满足特定患者寻医问诊需求的App

此类App的目标用户为有着很大患者基数的特定群体，比如糖尿病患者群体、高血压患者群体等。图3-2所示为糖护士手机App界面。糖护士手机App是糖尿病自我管理和辅助治疗系统，由来自三甲医院的医生为糖友免费提供血糖知识讲解。

图3-2　糖护士手机App界面

2. 满足专业人士了解专业信息和查询医学参考资料需求的App

此类App针对广大医护人员，以医生和护士为目标用户，在功能上涉及医疗文献的检索、业界重大医疗技术研究成果的发布、职业资格考试的辅导等。图3-3所示为执业护士准题库手机App界面。执业护士准题库手机App主要解决准护士在执业资格考试中练习、听课的需求，为全国准护士提供权威的医学参考用书和快捷的行业资讯。

图3-3　执业护士准题库手机App界面

3. 满足患者预约挂号及就医咨询需求的App

此类App为同时针对患者和医生的服务平台。患者可以随时随地问诊，医生可以为患者进行专业、快速的健康解答，同时还可以进行学术互动等。图3-4所示为医事通手机App页面。医事通手机App是致力于为患者提供全方位寻医问诊服务的平台之一，可提供名医咨询、疾病百科、智能导诊等服务。

图3-4　医事通手机App界面

4. 医药产品电商App

此类App面向医院或医药企业（B2B模式），方便医院了解最新的医疗技术、医疗器械及医疗药品信息，促成医院与医药企业的商业合作。图3-5所示为药师帮手机App 界面。药师帮手机App通过互联网连接药厂、医药企业与药店，建立起高效的采购平台。

图3-5　药师帮手机App 界面

5. 提供细分服务的App

细分服务即提供送药上门服务和预约挂号服务（O2O模式）。用户在线下单购买药品，App基于用户的地理位置完成药品配送服务。图3-6所示为叮当快药手机App界面。叮当快药手机App是目前广大患者购药的首选平台之一，在App Store下载量达6万多次。用户通过手机下单后，28分钟即可送药到家。

图3-6　叮当快药手机App界面

3.2.2 医疗类App常见的视觉风格

伴随着移动医疗事业的发展，医疗类App的视觉设计也逐步从严肃、呆板的设计样式向情感化、规范化的设计样式转变。一款以用户为中心，易用、友好的医疗类App，对于医疗企业来说，就是打通企业与用户的信息高速公路；对于患者来说，则是他们准确、快速地获取医疗信息，感受人文关怀的重要工具。

医疗类App界面的情感化设计可以通过图片、图标、色彩、文案等用户可直观感受到的元素进行传达，也可以从舒适的布局、有趣的动效、人性化的交互设计等方面着手。

色彩作为界面中的重要组成部分，在很大程度上会影响用户使用医疗类App的体验。一般而言，医疗类App应给用户以冷静、亲切、自然、健康的整体视觉感受，所以医疗类App应选用饱和度较低、明度较高的色彩。饱和度高的色彩会给用户造成视觉上的冲击，给人以狂躁不安的心理感受；而明度低的色彩虽然也能给人以安静的心理暗示，但往往给人以压抑的心理感受。

医疗类App界面在配色时，除了要注意色彩的饱和度与明度，还要注意色相的选择与搭配，色相的选取要以医疗行业的属性作为依据。一般情况下，医疗行业忌讳使用红色、灰色以及黑色，适合医疗行业的有粉红色、青色和绿色。

1. 以粉红色为主色调的医疗整容类App

医疗整容类App的用户大部分以女性为主，其界面设计力求在第一眼就获得女性用户的青睐，需要迎合女性用户的审美倾向，从而吸引用户下载使用。粉红色是色彩中较为柔和的色彩，比较适合应用在医疗整容类App的界面设计中。图3-7所示为美呗手机App的界面。作为整容、微整形社区，美呗手机App以粉红色作为主色调，在视觉感官上向用户传达健康、美丽的理念：每个人都可以找到美丽的自己，每个爱美女性变身粉红佳人的梦想都能如愿以偿。

图3-7 美呗手机App界面

2. 以青色为主色调的医疗企业类App

青色在可见光谱中介于绿色和蓝色之间，类似于天空的颜色。青色作为底色，低调而不张扬，伶俐而不圆滑，清爽而不单调。所以，青色是非常符合医疗行业属性、体现医者气质的色彩。无论是医疗设备、医疗用品等医疗器械类App，还是医院、药企等医疗机构类App，在界面配色中，以青色作为主色调都非常普遍。图3-8所示为掌上云医院手机App的界面。掌上云医院手机App以青色作为主色调，从视觉体验上能让用户的心理趋于平和、安详，能让用户在浏览的过程中保持愉悦的心情。

图3-8　掌上云医院手机App界面

3. 以绿色为主色调的医疗心理类App

绿色是大自然的颜色，象征着清新、希望、安全、平静、舒适、生命、和平、宁静、自然、生机、青春、放松。心理咨询类的手机App比较适合以绿色作为主色调。绿色作为色谱中较容易搭配的中性色彩，常与青色、蓝色等色彩搭配使用，高频率出现在各种心理类App中。图3-9所示为松果倾诉手机App的界面，界面主要以淡绿色作为主色调，同时搭配少量青色，让情感上躁动的用户能够在心灵上逐步安静下来，便于心理咨询师后续为用户开展情感指引工作。

图3-9　松果倾诉手机App界面

医疗类App 在设计风格上并没有过多的限制，扁平化、拟物化设计都适合运用。图3-10所示的医疗类App更注重页面布局简单、功能至上、操作容易、响应速度快，能为用户提供实质性的指导。

图3-10 医疗类App界面

3.2.3 医疗类App常见的功能

大健康行业是极具市场潜力的复合型产业之一，发展空间广阔，分支类目众多。从医疗产品到保健用品，从专业问诊到健康咨询，从专业从业人员到病况各异的患者，医疗类App需要涵盖的产品类型、辐射的服务领域、覆盖的用户群体都十分庞大。

目前应用市场中的医疗类App，其功能不一而足。医疗机构、医疗企业一般根据自身的专业领域与特定目标人群，开发相应的医疗类App。医疗类App较为常见的功能包括：电子病历、预约挂号、在线咨询、用药提醒、在线购药等。

1. 电子病历

内容丰富、字迹清晰、便于查找的电子病历是医疗类App最常见的功能之一。App在提供用户病历的同时，一般还会推送更贴心的全面内容，包括：饮食禁忌与优选、合理的作息时间安排、日常锻炼项目内容等。图3-11所示是一款提供电子病历功能的App，能满足患者与医生浏览或编辑病例等功能。

2. 预约挂号

到医院看病的第一件事就是排队挂号，长时间的等待会消耗人们大量的精力和耐心。挂号功能大大减少了用户排队等候的时间，用户也非常乐意使用这个功能，并乐于向身边的人推荐这项功能，因此预约挂号成为医疗类App最常见的功能之一。图3-12所示为App提供的医院挂号窗口功能，可以实现网上挂号。

Chapter 3

图3-11　电子病历

图3-12　预约挂号

3．用药提醒

对于工作忙碌、健忘的患者，用药提醒是医疗类App一个很贴心的功能。和其他提醒内容的推送时间有所不同，用药提醒可以发生在任何时候，包括用户睡眠和不常使用手机的时间。除了推送用药时间以外，医疗类App还可记录各款药品的功效及有效期，方便患者查阅。图3-13所示为iCare的界面，用户可自定义吃药的类型、数量与时间。

图3-13 用药提醒

3.3 项目设计规划

在团队规模较大、人员配备相对齐全的开发团队中，设计师一般只负责高保真效果图的设计。但是，自阿里巴巴集团提出全链路设计师的概念以来，UI设计行业对设计师提出了更高的能力要求。因此，设计师不仅要懂设计，更应尽早介入项目规划的各个环节。

设计师面对企业提出的设计需求、产品的功能需求以及整体的项目需求，需要进行全面的项目规划：首先，合理安排设计周期与设计进程，对企业的主要用户人群进行调研分析；其次，分析应用市场中竞品的信息架构，根据企业提供的功能需求梳理项目的功能层级，绘制低保真原型图；最后，根据目标用户分析的结果及低保真原型图设计相应的高保真设计稿。

参考视频：一号药店项目——医疗类App设计（4）

3.3.1 主要目标用户分析

奔走于大中城市的年轻工薪阶层，正处于用健康换金钱的"当打之年"，但是加班肥、体虚多病以及各种亚健康问题已经盯上这些为生活、为梦想打拼的年轻人。

一号药店的主要目标用户即为这些平时工作忙碌的上班族，平均年龄在22～45岁，其具体特征如下。

（1）保健意识：居家或旅行会储备常用药，遇到小毛病一般都能对症下药，不用上大医院；自己不知道的疾病，先上网搜索一下，或找专家在线咨询一下，很少请假上大医院找专家咨询；对大病一般知之甚少，大病抗风险能力较弱。

（2）工作状况：经常加班、熬夜工作，为自己的中老年埋下"用金钱换健康"的隐患。

3.3.2　功能层级梳理

一号药店手机App提供的是与医疗相关的服务功能，设计师需要在界面设计上体现人性化，在功能展现上更加直观，让用户使用起来更加便捷。

一号药店手机App的主要功能包括轻松找药、用药提醒、药师咨询、反馈意见，同时还提供药品和保健品的购买。在App首页上，设计师应将以上主要功能进行平铺显示，而将企业推送的药品、保健品团购消息以图文形式平铺在界面下方。这样做既可以抓住用户的眼球，又不会影响用户对功能的选择。图3-14所示为一号药店手机App的功能架构。

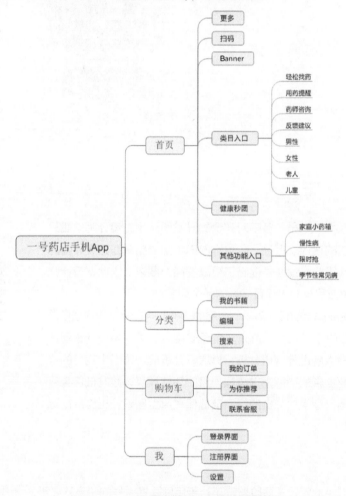

图3-14　一号药店手机App的功能架构

3.4　医疗类App界面设计实操

下面以一号药店项目为例，具体讲解医疗类App界面设计的主要过程。

➤ 项目设计要求

（1）界面设计尺寸：750px×1334px或1080px×1920px。

（2）图标设计尺寸：1024px×1024px。

（3）分辨率：72ppi。

（4）中文字体：华文细黑。

（5）拟物化风格，体现医疗类App的特点，符合用户的审美偏好。

➤ 技能要点

（1）双系统启动图标设计规范。

（2）双系统界面设计规范。

（3）拟物化风格App的设计与制作。

（4）登录页设计。

参考视频：一号药店
项目——医疗类App
设计（5）

3.4.1 医疗类App启动图标设计

一号药店手机App启动图标设计完成效果如图3-15所示。

图3-15 一号药店手机App启动图标

一号药店手机App启动图标设计步骤如下。

（1）绘制结构布局。使用4个圆角矩形搭建图标的基本结构，并使用椭圆工具与矩形工具绘制图标中的折线图，效果如图3-16所示。

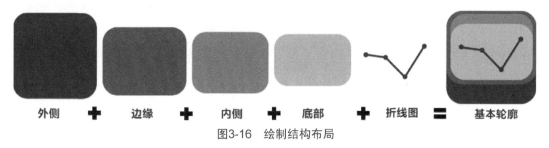

外侧 ➕ 边缘 ➕ 内侧 ➕ 底部 ➕ 折线图 ＝ 基本轮廓

图3-16 绘制结构布局

（2）初步确定基本轮廓的色调。为每个矢量图形填充合适的颜色，色值分别为：外侧（#9ba0a6）、边缘（#7c8896）、内侧（#627183）、底部（#5ccbe1）、折线图（#c4feff），效果如图3-17所示。

图3-17　填充颜色

（3）确定光源方向。整体采用顶部光源，在图标内部增加一个光源来突出质感，效果如图3-18所示。

图3-18　确定光源方向

（4）增加图层样式。为4个圆角矩形分别添加渐变叠加、阴影等图层样式，效果如图3-19所示。

图3-19　增加图层样式

（5）增加细节。为折线图增加斜面和浮雕、投影、渐变叠加等图层样式，使用椭圆工具制作折线图发光效果，使用矢量工具绘制纵横交错的虚线网格。最终完成效果如图3-25所示。

【素材所在位置】素材/第3章/01 一号药店启动图标设计

3.4.2　手机App界面原型图设计

一号药店手机App需兼顾双系统界面的设计规范，保证双系统下界面布局、视觉风格、交互方式一致。低保真原型图界面可使用默认字体，保证文字清晰可见，可点击区域足够大，避免误操作。完成效果如图3-20所示。

图3-20　一号药店界面原型图设计

一号药店手机App界面原型图设计步骤如下。

（1）新建1080px×1920px的画布，分辨率为72ppi，命名为"首页原型图-iOS系统.psd"。为保证可点击区域的尺寸，建立24px的网格系统，依据双系统界面设计规范的数据，使用矩形工具或辅助线绘制出界面元素，如图3-21所示。

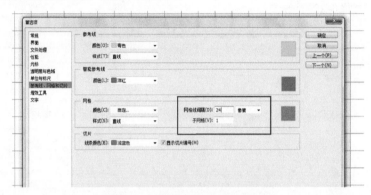

图3-21　设置24px的网格系统

（2）确定基本框架：根据设计需求确定首页标签栏及标题栏上第一层级的功能，如首页、分类、购物车等。效果如图3-22所示。

图3-22　确定基本框架

（3）相似模块布局：梳理功能的层级关系，将相似的功能布局在同一模块中，如用药提醒、轻松找药、药师咨询、反馈建议等功能相似的类目入口，以网格式布局在页面顶部，效果如图3-23所示。

图3-23　确定相似模块的布局

（4）重要模块布局：将重要的功能布局在页面中易于操作的操作热区；将用户经常浏览但不经常操作的内容布局在页面中的视觉热区。效果如图3-24所示。

图3-24　确定重要模块的布局

（5）完善细节：将未归类或重要性较低的功能补充到低保真原型图中，适当突出重要功能，弱化不重要功能的视觉效果。最终完成效果如图3-20所示。

【素材所在位置】素材/第3章/02 一号药店界面原型图设计

3.4.3　手机App首页设计

一号药店手机App首页设计完成效果如图3-25所示。

图3-25　一号药店手机App首页设计

一号药店手机App首页设计步骤如下。

（1）确定整体色调：确定页面中的主色、辅助色、背景色，以及点睛色。例如，标题栏及图标使用青色，标签栏及背景使用中性色，文案使用灰色及白色。为页面中的主要元素适当添加图层样式，效果如图3-26所示。

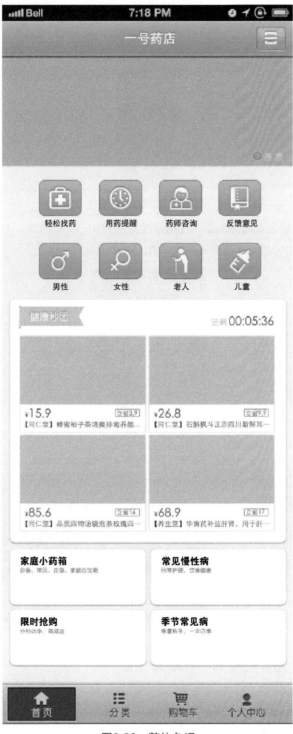

图3-26　整体色调

（2）绘制遮阳棚。

① 绘制基本结构：使用圆角矩形绘制遮阳棚的基本形状，通过布尔运算减去遮阳棚上半部分，效果如图3-27所示。

图3-27　绘制基本结构

② 添加图层样式：为遮阳棚的基本结构添加颜色叠加、渐变叠加、内阴影及投影等图层样式，复制一份基本结构，适当调整遮阳棚的配色，效果如图3-28所示。

图3-28　添加图层样式

③ 制作整体造型：将添加图层样式后的两个矢量图形转为智能对象，复制多份后将其均匀分布排列，效果如图3-29所示。

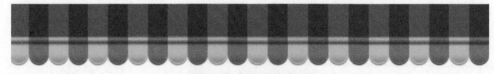

图3-29　制作整体造型

（3）匹配占位图：为页面中的Banner区域及"健康秒团"等模块匹配合适的占位图，最终完成效果如图3-25所示。

【素材所在位置】素材/第3章/03 一号药店首页设计

3.4.4　一号药店手机App书架页设计

一号药店手机App书架页设计完成效果如图3-30所示。

图3-30 一号药店书架页设计

一号药店手机App书架页设计步骤如下。

（1）绘制书架结构：使用矩形绘制书架的基本结构，通过直接选择工具调整具有透视关系的书架平台，效果如图3-31所示。

图3-31 界面整体结构布局

（2）填充色彩：选择更贴近木材的棕色为书架填充颜色，并确定背景及标题栏颜色，效果如图3-32所示。

图3-32　填充色彩

（3）添加图层样式：为书架结构中的每个矩形添加图案叠加、渐变叠加、内阴影及投影等图层样式，效果如图3-33所示。

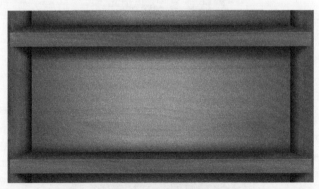

图3-33　添加图层样式

（4）添加细节：将书籍封面置入文档中，为书籍封面添加剪切蒙版，确定书籍的基本外形，最后为书籍添加投影与外发光效果，最终完成效果如图3-30所示。

【素材所在位置】素材/第3章/04 一号药店书架页设计

经验分享

在拟物化风格界面中，如果使用内阴影对文字进行凹陷处理，文字看起来会比较细，识别度也会降低。采用投影图层样式制作文字效果，既可以保证文字识别度，也可以保证效果真实。如图3-34所示，左边使用了内阴影，文字看起来过细，识别度降低；右边使用了向上的投影，文字看起来比较清晰，也很好地表现了质感和效果。

图3-34　效果对比

3.4.5　一号药店手机App登录页设计

一号药店手机App登录页设计完成效果如图3-35所示。

图3-35　一号药店手机App登录页

一号药店手机App登录页设计步骤如下。

（1）绘制登录页原型图：根据设计需求，为登录页添加一号药店手机App所能提供的登录方式，如用户名登录、邮箱登录、手机登录、第三方登录（微信、微博授权登录）等。效果如图3-36所示。

（2）配色设计：根据一号药店手机App中确定的配色方案，为登录页的标题栏及文字配色，效果如图3-37所示。

图3-36　绘制原型图

图3-37　配色设计

（3）配置图标：为页面中的第三方登录添加相应的图标，并配置遮阳棚图片装饰登录页，使页面间有共同的设计元素，在视觉上保持整体性。

【素材所在位置】素材/第3章/05 一号药店登录页设计

知识链接

1. 尽量保持双系统下的统一

由于项目要求iOS系统和Android系统同时开发，设计师在界面布局和交互设计上，应尽量保持双系统下的统一，从而最大限度地减少开发成本。同时，为了凸显iOS系统与Android系统的差异，在设计细节上应稍有不同。下面将详细列举双系统下界面、图标、字体等常见的不同之处。

（1）iOS系统启动图标通常采用圆角矩形；Android系统启动图标可以采用不规则图形，其默认圆角矩形看起来更加方正。

（2）iOS系统默认中文字体要比Android系统默认中文字体更加纤细，Android系统中文字体看起来更加方正。

（3）Android系统存在物理返回键。

（4）iOS系统与Android系统在界面尺寸、栏高等方面虽然存在差异，但是在界面布局上仍然可以达到一定的统一。

由于Android系统存在物理返回键，其标签栏一般默认在界面顶端，而iOS系统的标签栏在界面底端，如图3-38所示。不过为了在界面布局上达到统一，在实际设计中，可将标签栏统一放在底端，且最多放置5个标签。

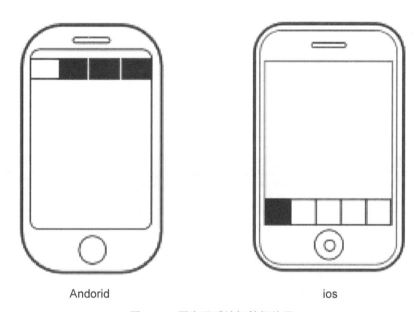

Andorid　　　　　　　　　　　　　　ios

图3-38　原生双系统标签栏位置

导航栏大多放在顶端，标题居中，左边放置返回键，右边放置常用标签的快捷入口或常用的功能，如图3-39所示。

图3-39　iOS系统和Android系统微信朋友圈界面导航栏

绘制界面的低保真原型图，需要充分考虑双系统下标签栏的差异，如图3-40所示。

图3-40　Android系统与iOS系统登录页的差异

2.　登录页和注册页是产品转化的关键入口

无论是网站设计还是App设计，登录页和注册页都是产品转化的关键入口。在设计登录页和注册页时应确保具备以下元素，当然并不是所有的登录页、注册页都必须包含这些元素。具体所需包含的内容和布局要根据产品来决定。

（1）登录框：用户填写信息或注册邮箱地址，并常常有字符数量限制。

（2）登录密码：一般为数字和字符的组合，并常常有字符数量限制。

（3）登录按钮。

（4）忘记密码按钮或文字链接。

（5）注册框、设置密码、注册密码。

（6）关联其他账户。

（7）条约说明。

（8）帮助。

3.　登录页设计的注意事项

（1）合理保留和调用用户的信息，尽量避免烦琐的键盘操作。

（2）使用第三方注册登录，可以直接调用常用的用户信息，譬如姓名、性别、电话、地理位置、头像等。

（3）提供更简单和步骤更精简的登录、注册流程，将某些不重要的个人信息作为选填项目，并支持在设置中进行详细补充。

（4）如果不是必要的，请不要在第一时间要求用户注册和登录。

（5）充分考虑输入框内的格式要求，在输入框内用浅文字对账号进行说明：需要用户提供数字、字符还是邮箱号码。在密码框需要对密码的长度进行说明，例如，请输入6～12位密码等。图3-41所示为提示输入11位手机号。

图3-41 登录框中的文字说明

本章总结

本章详细讲述了医疗类App常见的5种类型：满足特定患者寻医问诊需求的App、满足专业人士了解专业信息和查询医学参考资料需求的App、满足患者预约挂号及就医咨询需求的App、医药产品电商App，以及提供细分服务的App。

医疗类App情感化设计的视觉表现手法非常多样，本章着重强调了配色的重要性。医疗行业常用色彩包括粉红色、青色和绿色等。另外，本章介绍了医疗类App常见的功能：电子病历、预约挂号、在线咨询、用药提醒、在线购药等。

通过对主要目标用户的分析以及对项目功能层级的梳理，本章介绍了将企业设计需求转化成低保真原型图的详细过程。在界面设计中，本章通过拟物化启动图标、拟物化首页、拟物化书架页以及拟物化登录页的设计，着重讲述了拟物化风格App的设计方法及步骤。

本章作业

按照本章所学的一号药店手机App书架页及启动图标设计方法，临摹一个拟物化风格的木纹效果启动图标，最终完成效果如图3-42所示。

图3-42　木纹效果启动图标

具体制作要求如下。

（1）材质：使用图案叠加、渐变叠加等图层样式，正确表现木纹边框及绿色布料材质。

（2）透视：以一点透视的观察角度绘制图标，使用斜面和浮雕等图层样式正确表现图标的立体感与前后层次感。

（3）光影：使用内阴影、投影等图层样式，合理表现图标的光影关系。

【素材所在位置】素材/第3章/06 本章作业：木纹效果启动图标设计

第 4 章

游戏类App界面设计

学习目标

- 了解游戏类App常见的分类方式，游戏类App开发人员架构
- 熟悉游戏类App常见的功能以及界面设计应遵循的原则
- 掌握游戏类App界面设计中的常用技巧
- 掌握游戏类App玩家主页、英雄详情页、英雄列表页的设计方法

本章简介

　　手机游戏（以下简称手游）是指运行于手机上的游戏软件。近年来，随着智能手机处理器、运行内存以及屏幕分辨率等软硬件设备的升级，手游应用市场呈现欣欣向荣的景象。

　　据市场研究机构SensorTower发布的数据，2018年上半年，App Store和Google Play用户在移动应用上的总支出高达344亿美元；其中，手游总支出达266亿美元，约占移动应用总支出的78%。

　　本章将以仙缘项目为案例（该项目是为满足教学需要的虚拟案例），详细讲解游戏类App界面的设计过程，并对游戏类App界面的设计理论及设计技巧进行系统介绍，对于学习游戏类App界面设计具有很好的指导意义。图4-1所示为仙缘App界面。

图4-1　仙缘App界面展示

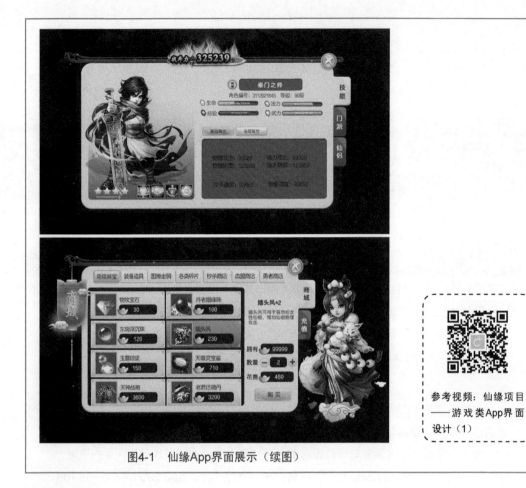

图4-1　仙缘App界面展示（续图）

参考视频：仙缘项目
——游戏类App界面
设计（1）

4.1　项目介绍

卡牌类游戏是国内手游市场的主流，苹果App Store中国区卡牌类游戏十分畅销，占据了游戏市场1/4的市场份额。但在繁华的背后，卡牌类游戏的问题已经慢慢暴露出来：在核心玩法上，卡牌类游戏同质化非常明显；在题材上，也很少有创新。

仙缘与传统卡牌类游戏有所不同：以往普通卡牌类游戏的战斗过程无外乎就是几张卡牌的对碰，仙缘中的人物在战斗过程中则是以卡通立体的方式展现的，带给玩家全新的游戏体验。另外，仙缘以二次元动漫风格来绘制英雄人物，取代了原本呆板传统的卡牌形象。不同的英雄角色在战斗时，都有符合其性格特征的配音，从而加强了战斗的氛围。

4.1.1　项目概述

仙缘是由龙魂之子开发，上古奇缘游戏发行的一款以上古神话为故事背景的动作卡牌手机游戏。在游戏中，神话人物全部都变身为可爱的卡通人物，玩家可以在游戏中体验各种玩法，也可以收集像尚方宝剑、天神战袍、如意金箍棒等装备。玩家可以通过装备武装、技能升级、角色进阶等方式提升战斗力，可以手动或自动释放主要技能，打乱敌方技能、迷惑敌方以及快速击杀敌方等。

玩家顺着故事线索突破重重关卡，即可收集到大量卡通版的仙侣卡牌，体验虚拟的仙人世界。

4.1.2　游戏类App界面设计要求

以仙缘为例，介绍游戏类App界面设计要求。

1．界面设计总体要求

作为动作卡牌类游戏App，仙缘希望通过全新的玩法，带给玩家不一样的游戏感官体验，其手机App设计要求如下：

（1）兼顾iOS系统和Android系统设计规范，符合移动端用户的使用习惯；

（2）游戏界面、英雄形象符合大众的审美偏好；

（3）兼顾动作类游戏、策略类游戏、回合制游戏、角色扮演游戏以及卡牌类游戏的特征，摒弃传统的卡牌表现方式，使用3D卡通人物进行游戏战斗；

（4）将玩家实时操作的战绩通过可视化数据与动效，及时、有效地反馈到游戏界面中；

（5）设计仙缘游戏主界面、英雄详情页以及英雄列表页。

2．功能要求

仙缘手机App作为一款大型动作卡牌类游戏，需要为玩家提供提升战斗力、通关副本、购买道具等功能。主要的功能需求如下。

（1）战力提升：在游戏中玩家可通过提高角色的物理攻击与魔法攻击属性，提升整体战斗力，具体提升方法包括：仙侣、技能、翅膀、仙宠、坐骑、强化、突破训练、进阶与进化等。

（2）通关副本：仙缘手机App需为玩家练兵作战、展示战力提供大量丰富的副本玩法，具体副本类型包括：战役副本、永恒秘境、竞技场、跨服天梯、河洛会战、三界混战、仙友会战、七脉武会、帮派大战等。

（3）获取道具：保证玩家购买道具的途径不局限于单一的商店系统，而是根据道具的类型，提供形式多样的商铺类型。具体商铺类型包括：普通商店、勇者商店以及召唤法阵等。

（4）其他辅助功能：为保证玩家获得良好的游戏体验，仙缘手机App需对重复性的战斗提供便捷的操作方式，如扫荡功能、加速战斗、自动战斗以及跳过说明等；另外，对于较难理解的战斗玩法需提供相关的游戏攻略，具体包括：最佳战斗阵容推荐、游戏常见问题解答、游戏公告、游戏规则说明等。

3．视觉风格要求

（1）整体风格：仙缘手机App界面的主体风格为拟物化风格，所有游戏界面元素需与原画风格相符。

（2）界面布局：游戏界面布局简洁、直观，突破传统卡牌类游戏界面中人物与功能按键密集排版的特点，对角色系统、活动系统、任务系统、技能系统进行合理的布局，帮助玩家快速找到所需的功能。

（3）信息传达：游戏UI设计师需通过置灰、半透明显示等方式提示玩家未开启的游戏副本入口以及未开放的功能权限；通过动效、特殊标识、高亮显示等方式提示玩家应执行的任务。

（4）文字信息：仙缘手机App界面中所有文案信息需简单明了，尽量用通俗易懂的语言进行描述，可使用流行网络词句，切忌晦涩难懂；排版时需注意文字的辨识度，保证良好的可读性。

4.2 游戏类App设计理论

自互联网出现以来，最受人欢迎的应用类型非游戏莫属。从最早的单机游戏到现在充斥人们碎片时间的手机游戏，无论数量、种类还是风格都令人惊叹。

4.2.1 游戏类App常见的分类

游戏类App划分的标准非常多，按照游戏的题材可分为战争类游戏、修仙类游戏、武侠类游戏、魔幻类游戏、生存类游戏等；按照游戏的表现形式可分为动作类游戏、冒险类游戏、角色扮演类游戏、音乐类游戏等；按照游戏任务线程可分为单线目标游戏以及多线目标游戏；按照游戏界面元素的表现形式可分为2D游戏、2.5D游戏以及3D游戏。事实上，每款游戏都可以按照不同的分类标准归类，这里只列举比较常见的部分游戏类型。

1. 按照游戏的表现形式分类

（1）动作游戏。动作游戏（Action Game）是指以游戏角色的动作作为主要表现形式的游戏。目前，单纯的动作游戏已比较少见，因为大部分游戏中角色的动作往往与特定的任务主题相关联，如人物的动作与射击活动、格斗活动相关联，所以动作类游戏又分为射击游戏、格斗游戏、卡牌游戏等。

① 射击游戏（Shooting Game）。它是动作游戏的一种。由于需要控制角色和物体基本处于运动状态，并使用枪械、飞机以射击的形式攻击敌方，所以射击游戏带有明显的动作游戏特征，如图4-2所示，常见的射击游戏包括3D狙击刺客、现代战争、炽热狙击等。

图4-2 射击游戏界面

② 格斗游戏（Fighting Game）。它是动作游戏中的重要分支，通常将玩家分为两个或多个阵营相互作战，并通过格斗技巧击败对手。格斗游戏通常会制作精美的人物角色，并为人物角色设定特定的技能招式，如图4-3所示。常见的格斗游戏包括漫威-超级争霸战、奥特曼英雄传说等。

图4-3 格斗游戏界面

（2）冒险游戏（Adventure Game）。冒险游戏在计算机运算能力不太发达的年代曾十分流行，因为冒险游戏需要的手机配置相对比较低，但目前这类游戏已日渐式微。冒险游戏的主要特点包括：第一，主线任务一般是让玩家以角色扮演的形式探索未知、解决谜题；第二，通过故事线索的发掘，考验玩家的观察能力和分析能力。图4-4所示为冒险游戏魔幻冒险岛手机App界面。

图4-4 冒险游戏界面

（3）角色扮演游戏（Role-playing Game）。在角色扮演游戏中，玩家通过扮演一个或多个角色在一个写实或虚构的世界中活动，并在一个结构化规则的指导下通过一些行动令所扮演的角色获得升级发展。图4-5所示为角色扮演手游中的相关人物角色。

图4-5　角色扮演游戏界面

（4）策略游戏（Strategy Game）。策略游戏通常提供一个较为复杂任务的场景，需要玩家充分思考，并得出完成游戏任务的对策。策略游戏一般允许玩家自由控制、管理和使用游戏中的角色与道具，根据相应的任务场景，选择具有不同能力天赋的角色以及道具完成目标。图4-6所示为某策略游戏界面。

图4-6　策略游戏界面

2. 按照任务线程分类

（1）单线目标游戏：这类游戏以单一任务为目标，譬如吃豆豆、贪吃蛇、扫雷等游戏。单线目标游戏的特点：玩家上手快，学习成本低，但是玩家在游戏过程中遇到难关，过不去，就容易卡死。解决方案是提供过关宽容度。图4-7所示为碎碎曲奇手机App界面，游戏根据玩家的战绩给予分数以及星级评定，玩家获得3780分可以通过第136关，但是不能获得3星完美评价，只能获得1星评价。玩家要想获得3星完美评价，必须重新挑战第136关并获得更高的分数，由此降低了玩家通关的难度。

图4-7　单线目标游戏

（2）多线目标游戏：这类游戏通常架构较复杂，向玩家提供了更多玩法，大部分的网络游戏都属此类。由于多线目标游戏自身提供了多种不同的玩法，用户黏性一般较大。但是这类游戏的任务系统往往较复杂，玩家需要一定的学习成本。克鲁赛德战记即为典型的多线目标游戏，如图4-8所示。

图4-8　多线目标游戏

4.2.2　游戏类App常见的功能

每款游戏为了提高其付费用户、注册用户、活跃用户的数据，实现持续盈利，必须不断迭代更新，推出更多功能及玩法，以吸引玩家持续在线战斗。一般而言，大型多线目标游戏的功能及玩法，根据主体与其关系可以划分为三大体系：即个体玩家与游戏本身之间体系、个体玩家与其他玩家之间体系以及个体玩家与平台之间体系，以下列举这三大体系中提供的较为常见的功能。

1. 个体玩家—游戏体系

这个体系主要是指玩家下载游戏类App后单机作战的功能及玩法。玩家在线玩游戏不需要与其他玩家或平台有任何交集，即可实现战斗力提升、副本通关等操作。这个体系主要包括：英雄系统、背包系统、副本系统、召唤系统、图腾系统以及坐骑系统等。

（1）英雄系统：亦可称为角色系统、武将系统等，是玩家在游戏中可以操作的任务角色。UI设计师在游戏界面设计中，往往要设计相关英雄的图鉴、属性、技能、装备面板，以帮助玩家了解每个英雄的外貌特征、能力天赋、升级渠道等信息。图4-9所示为英雄系统中的吕布属性面板，玩家可以详细了解吕布当前的武力、智力以及技能威力等参数。

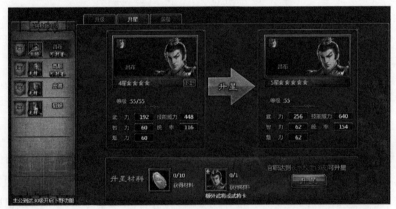

图4-9 英雄系统

（2）背包系统：绝大部分游戏都设置了背包面板，供玩家存放战斗升级所必需的道具。由于玩家可以得到的道具数量、种类非常多，因此UI设计师在设计背包面板时，可根据道具的类型分为装备、卡片、宝石、药水等几个大类，方便玩家查看。图4-10所示即以标签卡的形式对玩家的物品进行分类展示。

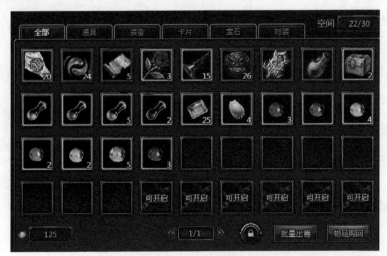

图4-10 背包系统

（3）副本系统：即游戏本身为玩家在单机状态下执行相应任务而设定的战斗通关场景。同一副本系统根据难易程度，一般设置简单、困难、精英等多个级别。简单副本一般为新手玩家设立，需要有较多的操作指引，包括英雄技能释放指引、奖品领取指引以及通往下一关的相关说明等。困难副本一般用于帮助玩家练兵提升战斗力，不需要过多的操作，重点是设置合理的任务难度，让玩家蓄能一段时间即可通关。精英副本一般难度较大，奖励也较为丰富。如图4-11所示。

图4-11 副本系统

2. 个体玩家-其他玩家体系

近年来，单机游戏的市场占有率越来越低，单机游戏仅局限于玩家一人与游戏系统的竞技，显得单调无聊。目前，绝大多数游戏都允许个人玩家与同一服务器内的其他玩家进行实时竞技与交流，从而展现游戏竞争与分享的魅力。

游戏中为个人与其他玩家设定的任务场景一般包括：军团系统、竞技场系统、跨服作战系统、好友系统、对话系统等。

（1）军团系统：部分游戏中又称为工会、战队等，主要是让更多的玩家抱团结盟，建立战斗力更强大的游戏组织，与同一服务器内的其他军团进行竞赛，争夺更多的升级资源与声誉。图4-12所示为常见的军团面板，常展示盟军的名单、军团规则、捐献纪录以及其他具体竞赛的玩法。

（2）竞技场系统：大部分游戏都设置了玩家排位赛，竞技场一般提供同一服务器内所有玩家的排位面板以及玩家比武格斗的场景。玩家通过战胜对手，可提升自身在同一服务器内的名次。如图4-13所示，左图左下角提示了玩家当前的名次，中间展示了系统为该玩家匹配的竞技对手；右图为玩家对阵的场景，玩家可派出自身最强大的阵容进行对战，玩家间相同的英雄也可同台竞技。

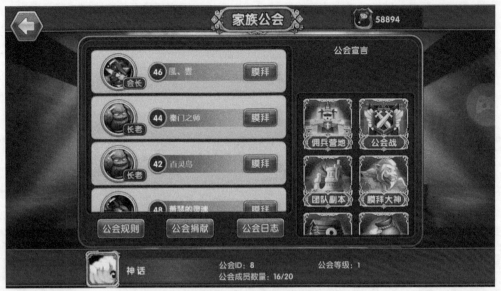

图4-12　军团系统

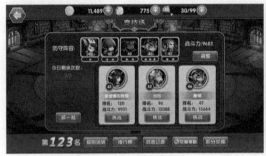

图4-13　竞技场系统

3. 个体玩家–平台体系

为了让玩家获得良好的游戏体验，游戏系统应该设立一个强大的平台体系，让运营团队与玩家之间保持畅快的沟通渠道。平台系统的设置主要是为了帮助商家对游戏进行维护和更新、解答玩家疑问、实现游戏项目盈利、扩大游戏知名度等。

大部分游戏内建立的平台系统包括：玩家系统、商店系统、攻略系统、公告系统、充值系统等。

（1）玩家系统：玩家系统主要包括玩家头像的展示与设置、战斗指数的展示、当前财富值的提示等。玩家的财富值与战斗力是层级较高的内容信息，一般在游戏主界面的上方横排展示。为了提升玩家的战斗体验，大部分游戏内部还设置了背景音乐与战斗对白，在玩家设置界面中应为玩家提供开启与关闭音乐的功能按钮，避免背景音乐干扰到其他人。图4-14所示为玩家系统中的相关界面与元素。

（2）商店系统：商店是玩家购买游戏道具，游戏项目获取营业收入的重要入口，所以商店界面的设计不仅要求视觉美观，更重要的是要体现其功能性、易用性以及友好性。图4-15所示为游戏App内的商店界面。UI设计师在设计商店界面时，应对所有商品明码标价，保证玩家可以点击购买，下单购买流程简单便捷，购买道具后有成功提示，并能根据玩家的等级战况将急需的道具放置在明显的区域。

（3）攻略系统：大部分多线目标游戏的任务场景多，不同任务场景的玩法也有所区别，玩家战斗升级时难免存在较多疑问，需要游戏平台提供相关的游戏攻略，帮助玩家以最快的速度、最好的战绩通关，并获取最大程度的战斗奖励。图4-16所示为游戏攻略相关界面。UI设计师需为玩家设计常见问题的解答，例如：战队怎么升级？什么是开场释放技能？物理伤害与魔法伤害相比，哪种攻击更能克敌制胜？

图4-14　玩家系统

图4-15　商店系统

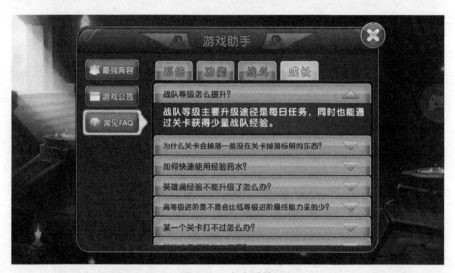

图4-16　攻略系统

4.2.3　游戏类App界面设计的原则

游戏类App在设计上有很多独到之处，它在吸引玩家进入游戏的地方有很多值得注意的技巧。现将游戏类App界面的设计原则归纳如下。

1．易于学习

手机游戏面向的是玩家，而不是计算机专家。玩家并不愿意将大量时间花费在如何学习操作游戏上。因此，在界面设计上保持游戏的简单易学，尽量减轻玩家的学习成本是最基本的要求。

一般在玩家第一次进入游戏的时候，App会提供简单友好的教程，大多为极少的文字描述和漂亮的图片展示，通常持续5～10秒。UI设计师需要在界面中增加"跳过教程"的功能选项，为已经玩过或对此类型游戏较为熟悉的玩家提供退出教程的按钮。图4-17所示为手机游戏界面中技能操作的相关指引。

图4-17　技能指引

2. 视觉统一

UI设计师需保持界面风格与原画风格统一。游戏类App多以拟物化风格、写实风格为主，UI设计师在游戏界面设计中要注意按钮、图标等元素的质感设计，保证与原画风格相协调，避免出现"原画是拟物风格，而UI元素是扁平风格"的现象。图4-18所示为原画与其手机App界面，在按钮上添加了渐变叠加与投影效果，细腻的质感设计与层次多且细节丰富的原画相搭配，保证了界面中所有元素的视觉效果是相互协调的。

图4-18　原画与其手机App界面

3. 贴近现实

游戏源于生活，游戏中的场景以及人物都是设计师们对现实生活元素的提炼与整合。所以，游戏中事物的发展规律要与现实生活相似。大多游戏中都为英雄设置了生命值来控制英雄的战斗时间，从而保证游戏中英雄角色有生死轮回，与现实中生物生死交替的自然规律相吻合。图4-19所示为开心餐厅中的游戏界面，玩家制作好的菜品在一定时间之后会变质。

图4-19　开心餐厅界面

4.2.4　游戏类App开发项目组的团队架构

游戏类App相对于其他类型的第三方程序而言，专业性较强，因此开发难度会更大，开发人员架构更复杂，开发流程也更烦琐。UI设计师可通过游戏类App项目成员配备以及项目组各成员的工作内容了解其开发过程。

游戏类App开发项目组，一般包括4个主要职能部门：策划部、美术部、程序部、运营部，如图4-20所示。4个主要职能部门负责不同的工作，共同协调完成整个游戏的开发。

策划部　美术部　程序部　运营部

图4-20　游戏App开发部门

1．策划部

策划部是项目组的灵魂。策划工作又分为执行策划、数据策划、表现策划、资源策划等，主要对游戏的剧情、背景进行分析设计，对游戏中的各种规则进行描述及公式确定，对各种资料表格进行维护等。图4-21所示为手游界面中的剧情对白。在游戏开发前期，策划部需要提供详细的概念原型以及文案策划方案来指导整个游戏的开发。

图4-21　场景对白

小知识

策划部主要负责收集竞品及项目组运营中的相关数据，游戏中常用的相关术语包括：

（1）PU（Paying User）：付费用户；

（2）RU（Registered Users）：注册用户；

（3）AU（Active User）：活跃用户；

（4）DAU（Daily Active User）：每日活跃用户；

（5）CCU（Concurrent User）：同时在线人数；

（6）PCU（Peak Concurrent Users）：最高同时在线人数；

（7）ACU（Average Concurrent Users）：平均同时在线人数；

（8）ARPPU（Average Revenue Per User）：付费玩家平均收入。

2. 美术部

美术部是项目组的皮肤。美术部根据工作内容需求，其人员架构通常包括原画设计师、模型设计师、动画设计师以及界面设计师等。

（1）原画设计师。根据工作需要，原画设计师可以细分为场景原画设计师与人物原画设计师。原画设计师主要配合产品开发人员和美工人员设定游戏角色风格，输出角色制作模板和规范；参与具体角色与场景制作；使用引擎编辑器控制角色实现最终游戏效果等。

（2）模型设计师。模型设计师根据工作任务不同可细分为建模师与纹理师。模型设计师主要负责项目组模型设计，模型规范制订；实现概念模型到逻辑模型、物理模型的演变。

（3）动画设计师：动画设计师主要负责游戏所需各种动画、场景特效的设计工作；负责和程序部沟通解决动画实现所需的插件，解决软件对性能的影响问题，并持续优化。

（4）界面设计师：即游戏UI设计师，主要负责游戏UI面板、图标以及宣传资料的设计；管理和审核游戏美术资源，不断优化项目的美术风格等。

3. 程序部

程序部是项目组的骨肉。程序部的工作可细分为设计主程序、客户端引擎、服务器引擎、3D程序、AI程序、脚本程序、数据库程序等模块。

程序部主要负责确定程序的数据结构和策划方案的执行，将策划部提出的各种需求用程序实现，将整个游戏项目的资源通过引擎组织起来，对游戏的架构、功能及各逻辑模块进行充分的整合，并为游戏开发过程提供良好的编辑工具。

程序部的测试人员，其工作内容与游戏UI设计师紧密相连。为更好地配合程序部还原UI设计的初衷，游戏UI设计师需要对程序部的工作内容有一定的了解：产品发布之前主要包括两次大型正规的测试，即Alpha测试和Beta测试。Alpha测试主要检验游戏功能和流程的完整性，测试人员将发现的 Bug 提交到数据库，开发和设计人员对相应的错误进行修复。Beta测试主要检验游戏中的各种资源是否已完成，产品是否已定型，发现的Bug后期是否已修复。在这两次测试修复之后，得到Release版（待发布版）。在Release版基础上还需要开发游戏的各种补丁包、各升级版本，以及官方的各种礼包和插件等。

小知识

（1）封测：限定用户数量的游戏测试，用来对技术和游戏产品进行初步的验证，用户规模较小；

（2）内测：面向一定数量用户进行的内部游戏测试，多用于检测游戏压力和功能有无漏洞；

（3）公测：对所有用户公开的开放性的网络游戏测试。

4. 运营部

运营部主要进行游戏的外部统筹、市场调研、游戏开发进度把控、游戏版权事宜处理、游戏宣传、游戏发布及音乐音效素材的管理，具体包括如下工作内容。

（1）对游戏数据进行深度分析，挖掘用户需求、收入增长点、系统改进点，为运营决策提供数据支持。

（2）通过对游戏和运营的全面理解，提炼产品商业化卖点与策略。

（3）针对产品商业化项目运营数据分析和市场状况分析，收集用户反馈，为产品调优提供依据。

（4）协调厂商研发与资源投放，推动并跟进商业化与营销策略的实际落地。

（5）根据公司战略及产品运营规划，不断调整和探索新的产品商业化手段。

4.3　游戏类App设计技巧

UI设计师在日常工作中，会收到各种半成品素材。作为整个游戏的素材中转枢纽，游戏UI设计师肩负着对所有半成品进行分类整合的使命。对游戏素材资源的合理利用，是对游戏UI设计师综合设计能力的重要命题。

参考视频：仙缘项目
——游戏类App
设计（3）

4.3.1　游戏资源的复用

任何一款全新游戏的研发，可利用的游戏资源都是有限的，尤其是在游戏研发的前期。一方面，项目组内大部分生产线都处于产品构思或产品原型设计的阶段；另一方面，图片与图标资源的设计制作周期相对较长，项目组的其他生产线往往无法及时提供足够的素材资源。

UI设计师在素材拮据的情况下，需要利用数量不多的素材资源，进行多次调用并合理利用，设计出差异化的游戏界面，具体可通过以下3种方式，实现素材资源的重复利用。

1. 调整素材的色调

大部分游戏中的角色、道具、场景在造型方面往往相同，UI设计师可以通过调整其色调，实现素材外观样式的"变身"，从而将素材资源应用在更多的任务场景中，避免出现UI界面雷同的现象。

（1）通过色彩区分角色的归属。敌我双方使用相同将领时，可通过改变将领色彩，区分是敌方的将领，还是我方的将领，从而实现同一角色的重复利用。图4-22所示为游戏中的战斗场景，玩家与敌方的将领同为吕布，玩家的将领吕布是蓝色的，而敌方将领吕布是红色的。

图4-22 战斗场景

 经验分享

为了体现游戏中战斗的激烈程度，在早期的游戏画面中，常见红色军与绿色军对垒的战斗场景，但是大面积红色与绿色互补搭配，会使画面视觉冲击过于强烈，所以目前大多数游戏战斗场景、游戏宣传海报都选择红和蓝，红和青或黄和蓝进行配色，以营造出激烈的战斗氛围，如图4-23所示。

当前版本:1.14.0

图4-23 游戏配色

（2）通过色彩区分道具的等级。大部分游戏都设有累积升级制度，相同道具之间存在等级差别。道具属性高低的衡量，除了可以使用参数进行标识以外，还可以通过色彩加以区分。

一般而言，使用白色或绿色表示较低的等级，使用蓝色或青色表示中等的等级，使用橙色、黄色或紫色表示较高的等级。图4-24所示为一枚绿色增加物理攻击的宝石图标，UI设计师通过添加色相/饱和度调整层为其着色，如图4-25所示，"裂变"出不同等级的宝石图标。

基础图标　　　　　　　　　　　　　　调色后的图标

图4-24　图标色彩的调整

图4-25　添加色相/饱和度调整层

（3）通过色彩区分战场的变换。回合制战略游戏一般需要玩家多次战胜对手，才算通关成功，因此，游戏界面需要大量的战斗场景作为背景。UI设计师可通过调整战斗场景的色彩，让玩家感知战斗场景的切换，从而实现同一场景图片资源的多次利用。

较为常见的处理手法包括：白天过渡到黑夜，夏天突变成冬天，太平盛世骤变成乱世硝烟。如图4-26所示，这两个场景十分相像，仅仅是将左右两座建筑的位置进行了互换。另外，UI设计师还通过调整画面色调，将中午的场景变为傍晚黄昏时分的场景；通过添加战火，将整齐的街道变成一片狼藉的战场。在场景切换的过程中，往往不仅单独使用一种手法，而是同时应用多种手法，从而使场景间的变化更大。

盛世　　　　　　　　　　　　　　　　乱世

图4-26　游戏场景的重复利用

2. 调整素材的注释

游戏战斗场景的开发需要耗费大量的人力成本和时间成本，而玩家希望游戏开发商提供更多的任务场景来维持游戏的新鲜感，提升自身的战斗力。通过调整素材的注释，从而实现游戏场景的反复利用，也是实现游戏快速迭代更新，满足玩家需求的一种常用手法。如图4-27所示，两个副本场景皆为第三章：英雄学院。玩家可通过画面左下角的图标注释来区分两个场景。左侧的任务场景为普通难度副本，右侧的任务场景为精英难度副本。UI设计师只需要适当更改副本入口的图标及注释文字，即可实现同一任务场景的二度利用。

普通　　　　　　　　　　　　　　　　精英

图4-27　不同难度的相同任务场景

更改任务场景难度的同时，UI设计师还需要同步更新相应的奖励场景、战斗难度系数、游戏攻略等面板，从而吸引玩家持续战斗，避免玩家流失。如图4-28所示，游戏副本同为"维拉的使命"，普通难度副本的体力消耗为6，而精英难度副本的体力消耗为12。玩家获得的奖励也应同步更新，例如：板斧的数量可通过右下角的注释文字进行变更。另外，UI设计师还可以通过增加英雄灵魂石图标，提示奖励的类目也增多了，从而实现UI界面的更新迭代。

图4-28　场景数据更新

3. 调整素材的组合

UI设计师在制作游戏宣传图时，往往需要制作多个版本以供运营方选择。同一游戏授权给不同代理商运营时，往往也需要制作多张整体风格相似，但局部有差别的宣传图。这既是为了节约设计时间，减少开发素材资源的成本，也是为了保证同一游戏在不同运营平台中，拥有统一的视觉风格，给所有玩家统一的品牌印象。

图4-29所示是两张采用三角形构图且设计风格非常相似的游戏宣传图，UI设计师使用相同的人物素材，但通过改变人物的位置关系，获得了不一样的组合效应。左侧的宣传图将动作幅度较小、具有王者风范的角色放在前面，有以理服人、先礼后兵的感觉；右侧的宣传图将动作幅度较大、形象较为狰狞的角色放在前面，加强了画面的战斗感，有以武力征讨使人折服的感觉。不同的素材组合方式，不仅能营造出不一样的视觉张力，同时也能赋予画面不一样的深层次内涵。

图4-29　不同的人物组合方式

4.3.2　游戏资源的优化

UI设计师除了要面对游戏资源匮乏的困窘以外，在实际工作中，往往还会遇到游戏资源文件太大，资源劣质等问题。在设计之初，原画师、特效师以及模型师考虑到游戏资源的多场景应用，一般会把原画、特效、人物模型等图片资源输出成高品质的素材，这类游戏资源文件一般都较大。另外，如果是市场运营方提供的原始宣传素材资源，往往会出现另一个极端：模糊不清，有水印等。为此，UI设计师在应用这两类游戏资源时需要进行优化处理。

1. 游戏资源的压缩处理

游戏类App的安装包中一般包含了大量的游戏资源，如图片、文字、特效、音乐、模型等，所以安装包的大小一般会在100MB以上。虽然目前大部分智能手机的存储容量已经提升至256GB，但是对于游戏玩家而言，安装在手机中的游戏类App依然是占据其手机绝大部分存储空间的第三方应用。

为此，UI设计师务必在游戏界面设计阶段，对游戏资源进行合理的优化处理，避免游戏资源过载，造成游戏卡顿、手机死机等现象。对图片类型游戏资源的压缩处理方式一般包括如下几种。

（1）提高压缩比率。在不影响游戏画面清晰度的前提下，使用Photoshop或其他图片压缩软件，对图片资源进行合理的压缩处理。一般而言，游戏资源切图输出为JPEG格式时，80%的画质与100%的画质在视觉效果上相差不大，但是80%的画质能有效提高图片的压缩比率，减少其存储容量。如图4-30所示，设计师通过Photoshop对图片输出品质进行设置，两个图标的画质相差甚微，肉眼几乎无法甄别，但是第二个图标占用空间却少了117KB，从而实现了资源的优化处理，效果如图4-31所示。

图4-30　画质设置

100%画质　大小：247KB　　　　　　　80%画质　大小：130KB

图4-31　画质对比

（2）改变输出格式。无论是视频资源、音频资源、文本资源，还是UI设计师常接触的图片资源，可以选择的压缩格式都非常多。目前游戏UI界面中的图片资源，主流输出格式是JPEG和PNG，虽然这两种图片格式的压缩比率已经非常高，但是为了降低游戏类App内部海量图片资源对玩家手机内存造成的压力，目前已经研发出压缩比率更高的编码格式：TPG（Tiny Portable Graphics）。从数据表现来看，在相同图像质量下，TPG格式文件大小只有JPEG格式的一半，或者说在相同文件大小下，TPG格式拥有更好的影像表现。如图4-32所示，与JPEG等常用图片格式相比，在同等影像质量下，TPG格式图片的大小比JPEG格式小了40%。

TPG：24KB　　　　　　　　　　　　JPEG：43KB

图4-32　TPG与JPEG格式图片对比

2．游戏资源的画质处理

UI设计师面对高品质的游戏资源时，在不影响输出品质的前提下，需要最大限度地对游戏资源进行压缩处理；而当遇到尺寸较小、画面不清晰的游戏资源时，往往需要对其进行品质提升或改头换面的处理，具体可通过以下3种方式进行。

（1）锐化处理。UI设计师制作游戏界面时，常需要通过改变图层的混合模式，对大量素材进行叠加合成处理。在叠加大量半透明图层后，画面画质会变得有点模糊，这时UI设计师可使用智能锐化或高反差保留等滤镜，实现画面的锐化处理。

首先，UI设计师需要对合成后的所有图层进行盖印处理；然后，为盖印图层添加高反差保留滤镜，并通过调整高反差保留的半径值，明确画面中需要锐化的边缘，如图4-33所示；最后，将盖印图层的混合模式更改为叠加，效果如图4-34所示。

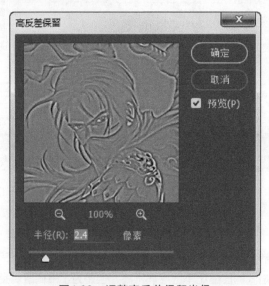

图4-33　调整高反差保留半径

添加高反差保留滤境　　　　　　　　　　　　设置叠加混合模式

图4-34　高反差保留锐化画面

（2）模糊处理：在游戏UI设计中，有一部分棘手的游戏资源，使用锐化的手法根本无法挽救其低劣的画质。此时，UI设计师只能破釜沉舟，将其画面处理得更模糊，并布局在游戏界面的非主要视觉热区。所谓非主要视觉热区，是指玩家不经常看到或常常忽略的视觉区域。

游戏资源模糊的处理手法一般包括：使用高斯模糊等滤镜进行模糊处理；降低图层明度；削弱画面饱和度弱化其视觉效果；缩小画面展示比例等。如图4-35所示，UI设计师首先对原图进行高斯模糊处理，并降低其明度，然后缩小原图比例，最后叠加在高斯模糊后的画面上进行展示。

图4-35　画面模糊处理

（3）改装处理：在游戏UI设计中，提升游戏素材资源画质最根本的方法，是对画面进行重新绘制，但是这往往需要耗费大量的时间。在项目组对画面要求较高且设计时间充裕的前提下，UI设计师可以考虑使用手绘板重新绘制画面。在时间紧迫的情况下，UI设计师可通过以下两种方式对画面进行快速的改装处理：其一，将位图图像矢量化。在Photoshop以及Illustrator中，均可将位图图像转化成矢量图形。如图4-36所示，在Illustrator中使用图像描摹功能将低像素的毛笔字转化成高品质的路径文字。其二，将图像变成剪影。如图4-37所示，在角色的画质较差时，可将画面处理成剪影效果进行呈现。

图4-36　图像矢量化处理

图4-37　图像剪影处理

4.3.3　游戏资源的配置

　　游戏UI界面中的功能按钮非常多、信息量非常大，UI设计师在面对大量的UI元素时，需要对其进行合理的布局配置，避免玩家在满屏的按钮中寻找自己需要的功能，或出现多个功能按钮相距太近而导致出现误操作等现象。UI设计师可以通过对功能按钮合理地划分区域、保持各个元素系统之间的视觉平衡，实现游戏资源的合理配置。

　　（1）合理分区。

　　目前大多数大型手机游戏都需要玩家双手握持手机进行操作，只有部分益智类小游戏除外。考虑到玩家的操作习惯与浏览习惯，UI设计师在进行界面设计时，需要充分考虑游戏界面中操作热区与视觉热区的位置关系。

　　所谓操作热区，是指玩家经常操作点击的地方。当玩家双手握持手机进行战斗时，其手指比较容易触碰的区域是屏幕的左下角与右下角，这两个区域就是游戏界面的操作热区。

　　所谓视觉热区，是指玩家视线经常停留的地方或最先关注到的地方。按照人们阅读时视线移动的规律来说，一般是按照从左到右、从上到下的方向进行的，所以，玩家最先查看到的界面区域是屏幕的左上角与右上角，这两个区域就是屏幕中的视觉热区。图4-38所示为屏幕中视觉热区与操作热区的区域划分。

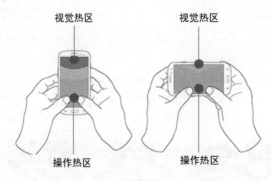

图4-38　视觉热区与操作热区

　　UI设计师在进行页面布局时，具体可通过以下3种方式合理规划页面中UI元素的分布情况。

① 如果游戏界面中的功能过多，就对界面进行区域划分，将属性相近的功能放置在同一区域。

② 将主要用于展示的功能放置在界面上方，方便玩家随时查看。

③ 将不常用或玩家不太关心的功能和按钮折叠到一起，收纳到一个地方。

如图4-39所示，玩家经常关注和常用的金币、攻击、副本入口、地图等元素被放到游戏界面上方；玩家不常查看的英雄经验值、伙伴经验、道具等元素则被收纳到界面右下角的按钮中，按钮使用一个向左的箭头，引导玩家点击。

图4-39　手游App界面布局

（2）视觉平衡。

在游戏界面设计中，UI设计师需要保持界面中所有功能系统的视觉平衡，避免部分功能过于突出而给玩家造成突兀的感觉。当然，界面中引导新手玩家进行相应操作的部分提示性文字，需要明显一些。

一般而言，对于画面中视觉效果过于明显的元素，要适当地进行视觉弱化处理。视觉弱化常用的手法包括：将视觉占比较大的元素缩小，将动效元素放置在非视觉热区的位置展示，将鲜艳的元素的饱和度降低，将较为清晰的元素进行模糊处理等。图4-40所示为同一游戏的主界面，UI设计师将动效变化较为剧烈的功能入口放置在屏幕左侧，将建筑面积稍大的功能入口放置在画面后方，将褐色的功能入口放置在屏幕右侧，这些做法都是为了达到游戏界面视觉上的均衡。

左　　　　　　　　　　　　中　　　　　　　　　　　　右

图4-40　游戏主界面视觉弱化处理

4.4　项目设计规划

仙缘作为一款动作类型的卡牌手机游戏，游戏中的任务目标较多，需要玩家发出适当的操作指令，才能完成战斗升级任务。所以，相对于传统自动对对碰的卡牌类游戏，仙缘的玩家能获得更强的参与感。但是也同时意味着，玩家需要付出一定的学习成本。

仙缘是以上古神话故事作为题材背景的，玩家往往是对相关神话人物有一定了解的人。仙缘的玩家群体，按照用户黏性的强弱，可以分为普通玩家、资深玩家以及骨灰级玩家。

普通玩家用户黏性不强，一般是为了打发业余闲暇时间才玩会儿游戏。这类玩家主要能拉高游戏的RU（注册用户）数据。资深玩家经常在线，对神话故事有一定了解，有相当一部分时间可用于游戏娱乐，这类玩家用户黏性较强，主要能提高游戏的AU（活跃用户）数据。资深玩家为了能持续战斗，偶尔也会充值换取道具，但是金额往往不大。游戏类App的主要营业收入，一般来源于骨灰级玩家。骨灰级玩家对游戏往往十分精通。这类人群基数不大，但是对于游戏的PU（付费用户）数据贡献率最高。

参考视频：仙缘项目
——游戏类App
设计（4）

4.4.1　主要目标用户分析

仙缘的主要目标用户以资深玩家群体为主，其具体特征如下。

（1）人群：上班族或在校大学生，有较多闲暇时间可以玩游戏。

（2）性格：部分玩家性格相对比较内向，比较宅，但是在"好战友"面前谈论起游戏时却滔滔不绝。

（3）知识：对神话故事感情深厚，喜欢动漫，具有一定文化底蕴。

（4）爱好：热衷于有背景、有剧情的手机游戏，喜欢可爱的卡通人物。

（5）品位：对人物角色、动画效果及声音都有着极高的要求。

（6）经济：没有过多工作或生活上的压力，经济相对宽裕，并不排斥充值付费玩游戏，但是消费相对谨慎。

4.4.2　功能层级梳理

仙缘项目作为一个多线目标的大型动作类卡牌游戏，涉及的功能玩法非常复杂。UI设计师在设计界面及UI元素之前，需要先对项目需求进行全面的分析，将庞杂的功能需求进行分类。对于同类别的功能，UI设计师需要根据各个功能本身的重要程度，为其标注优先级，从而梳理出项目的信息架构。

仙缘项目的功能主要分为五大系统：角色系统、活动系统、任务列表系统、聊天系统、技能系统。由此可以简单绘制出游戏主界面的低保真原型图，如图4-41所示。

（1）角色系统：角色系统与充值系统相关联，玩家一般比较关注自身的战斗力、财富值等参数，所以这些元素需要在游戏主界面的视觉热区中有所呈现。玩家可以通过点击头像了解角色当前的个人信息，通过点击元宝、钻石进行在线充值等。

（2）活动系统：大多活动都需要提供临时入口，供玩家进入相关页面进行游戏。一般只有在玩家发现活动开始后，才会通过相关入口进入游戏，所以设计师应将活动系统放置在页面右上角的视觉热区。

（3）任务列表系统：任务列表系统涵盖了游戏内所有的主线以及支线任务，是整个游戏的核心，优先级最高，常驻在主界面的右侧。它既方便玩家发现任务，也利于玩家点击页面，执行相关任务。

（4）聊天系统：聊天系统功能层级较低，通常放置在主界面左下角的操作热区，方便玩家随时输入操作。

（5）技能系统：技能系统中涵盖了提升角色战斗力的各种玩法系统，包括背包、技能、仙侣、强化以及排行榜。另外，该系统中还涵盖了有特色的副本系统，通常放置在主界面右下角的操作热区，方便玩家随时点击进入。

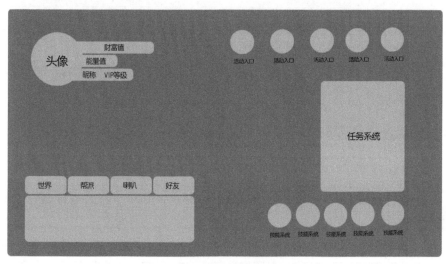

图4-41　低保真原型图

4.5　游戏类App界面设计实操

下面以仙缘项目为例，具体讲解游戏类App界面设计的主要过程。

➤ 项目设计要求

（1）界面设计尺寸：1280px×720px，或按照测试机实际尺寸进行设计。

（2）分辨率：72ppi。

（3）字体：动态文本使用系统默认的安全字体，静态文本使用"幼圆"等符合界面风格的字体。

（4）平台：同步适配iOS系统及Android系统中的主流屏幕，例如可使用于iOS系统的iPhone8、iPhoneX和Android系统的XHdpi、XXHdpi屏幕等手机设备。

参考视频：仙缘项目
——游戏类App
设计（5）

➤ 技能要点

（1）游戏主界面UI元素的设计与合理布局。

（2）游戏图片资源的重复利用与适当优化。

4.5.1　游戏类App游戏主页设计

仙缘手机App游戏主页设计完成效果如图4-42所示。

图4-42　仙缘手机App主页

设计思路如下。

（1）确定页面布局：设计场景界面的线框图，将用户常用的信息展示在界面上，不常用的信息折叠放置在一旁。

（2）确定主题色调：使用低调的棕色作为界面的主体颜色，对色块区域进行半透明处理，让玩家可以透过色块看到后面的场景，从而增加可视区域的面积，让游戏界面看上去更大。

（3）确定设计素材：在游戏项目中，要区分原画设计和界面设计，像场景图片、头像、图标（召唤、帮派、江湖追踪、商城、仙剑大会、月老献礼、背包、排行、仙侣、强化、技能、挑战）等一般是由原画师提供的。

（4）确定文本布局：区分动态文本和静态文本。如图4-43所示，头像四周的玩家姓名、角色等级、VIP等级，头像右侧的元宝数量、钻石数量、能量数量是需要程序人员调用玩家数据来动态显示的。

图4-43　文本设置

仙缘手机App游戏主页设计步骤如下。

（1）确定基本布局：新建一个1280px×720px的画布，分辨率为72ppi，将主界面场景原画置入文档。对角色头像系统、活动系统、聊天系统、任务列表系统以及技能相关系统进行合理布局，效果如图4-44所示。

图4-44　基本布局

（2）角色头像系统设计：使用钢笔工具和矢量工具分别绘制头像、VIP等级、玩家等级以及玩家名称的基本轮廓，拼接效果如图4-45所示。为各组件适当添加投影、内阴影、渐变叠加、斜面和浮雕等图层样式，最终效果如图4-46所示。

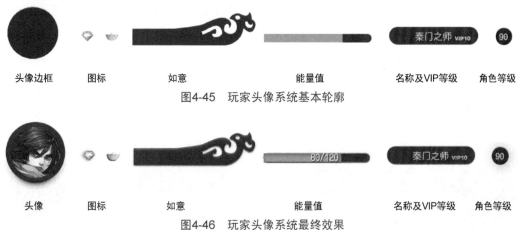

图4-45　玩家头像系统基本轮廓

图4-46　玩家头像系统最终效果

（3）活动系统及技能相关系统设计：使用圆角矩形工具绘制活动系统入口处各个图标下方的圆形或圆环，并适当添加渐变、叠加、投影等图层样式；另外，使用画笔配合剪切蒙版，在图标边框及文字上制作更为柔和、细腻的渐变过渡；最后置入召唤、帮派、江湖追踪等图标，输入图标的文字注释，效果如图4-47所示。同理制作技能相关系统，效果如图4-48所示。

图4-47　活动系统

图4-48　技能相关系统

（4）聊天系统及任务列表系统设计：聊天系统分为世界发言、帮派发言、喇叭发言以及好友聊天4组功能。使用圆角矩形工具绘制聊天系统中的按钮及面板，使用钢笔工具勾画按钮中的祥云花纹，最后为各个按钮添加描边、投影、渐变叠加等图层样式，效果如图4-49所示。同理，可制作任务列表系统的面板，效果如图4-50所示。最终完成效果如图4-42所示。

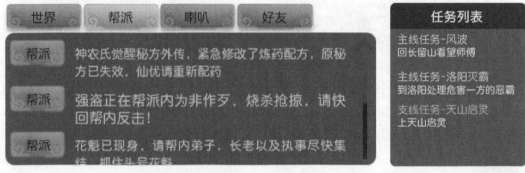

图4-49　聊天系统

图4-50　任务列表系统

【素材所在位置】素材/第4章 /01 仙缘手机App游戏主页设计

4.5.2　游戏类App角色技能页设计

仙缘手机App角色技能页设计完成效果如图4-51所示。

图4-51　仙缘手机App角色技能页

（1）背景面板设计：使用钢笔工具绘制背景面板上方的如意手杖，并添加斜面和浮雕等图层样式；使用圆角矩形工具绘制背景面板其他内容及按钮。"技能"按钮与背景面板相连，可以通过两个圆角矩形相加得到，如图4-52所示。各个按钮旁边的高光效果，可以通过钢笔工具绘制基本图形，并配合剪切蒙版置入按钮中得到。

图4-52　背景面板

（2）战斗力区域设计：使用钢笔工具抠取宝剑素材，置入火苗素材，输入相应文字，最后为文字添加描边、渐变叠加、投影等图层样式，素材拆分及完成效果如图4-53所示。

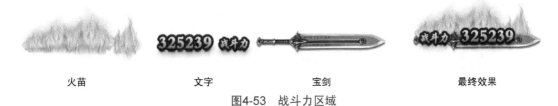

火苗　　　　　　　　　文字　　　　　　　　　宝剑　　　　　　　　　最终效果

图4-53　战斗力区域

（3）角色图鉴区域设计：首先，使用圆角矩形工具绘制图鉴下方的背景，并使用黑色半透明的渐变在圆角矩形上制作图层蒙版，得到半透明的过渡效果。然后，置入角色图鉴与技能图标，使用调整层统一角色与图标的色彩饱和度与明度。最后，使用星形工具绘制星星，并添加渐变叠加等图层样式，效果如图4-54所示。

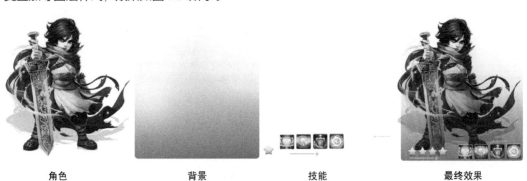

角色　　　　　　　　背景　　　　　　　　技能　　　　　　　　最终效果

图4-54　角色图鉴区域

（4）角色名称区域设计：首先，使用圆角矩形工具绘制所有的基本图形。生命、经验、法力、武力的进度条纹理可以通过先绘制色彩相似的矩形做斜切处理，再与下方的进度条做剪切蒙版处理得到，效果如图4-55所示。然后，置入宝石图标，通过色相/饱和度调整宝石的色相。最后，输入相应的文字，效果如图4-56所示。

纹理   进度   底框   最终效果

图4-55 角色图鉴区域

图4-56 角色名称区域

（5）属性区域设计：置入主界面中的按钮图标，修改按钮上的文字，注意区分按钮的交互状态，当前效果图表示基础属性为高亮显示状态。使用圆角矩形绘制技能指标的背景面板，输入相应的文字即可。完成效果如图4-57所示。

（6）细节完善：使用椭圆工具绘制关闭按钮，关闭按钮图层拆分效果如图4-58所示。将按钮置入游戏主界面，添加黑色半透明蒙版，做高斯模糊处理；使用画笔工具添加发光粒子，使用椭圆工具添加面板下方的细节元素，完成效果如图4-51所示。

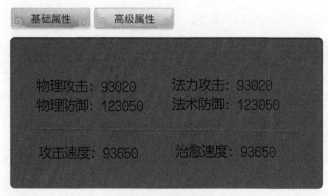

图4-57 属性区域

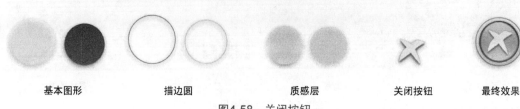

基本图形   描边圆   质感层   关闭按钮   最终效果

图4-58 关闭按钮

【素材所在位置】 素材/第4章 /02 仙缘手机App角色技能页设计

经验分享

（1）合理使用智能对象图层和图层样式，同样的功能要尽量使用同样的表现方式。为角色增加阴影效果，可以让角色更突出，与背景明显分开，体现立体效果。

（2）合理使用之前已经设计好的元素和控件，将相同的部分直接复制过来，调整样式，并进行合理缩放。

（3）当目标区域可点击时，给予明确的提示。在技能面板的设计中，装备框控件状态的展示方法有多种，如图4-59所示。

图4-59 装备框控件状态

4.5.3 游戏类App商城页设计

仙缘手机App商城页设计完成效果如图4-60所示。

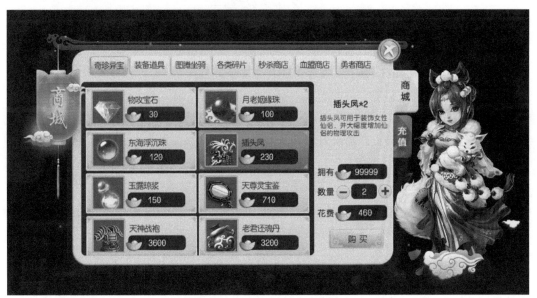

图4-60 仙缘手机App商城页

仙缘手机App商城页设计步骤如下。

（1）背景设计：置入角色技能界面中的主界面以及背景面板，在背景面板左侧添加灯笼，并输入文字，为文字添加投影图层样式，效果如图4-61所示。

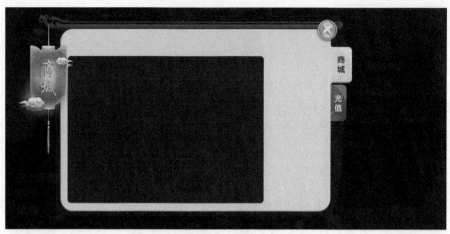

图4-61　商城背景

（2）商品列表设计：使用圆角矩形工具绘制商品列表的背景板、背景框等元素，适当添加渐变叠加、描边等图层样式。商品列表组件及最终效果如图4-62所示。同理制作所有商品的列表，注意被玩家选中准备购买与未点击购买的列表组件之间的状态区别。

背景板　　　　　　　　元素组件　　　　　　　　最终效果

图4-62　商品列表组件

（3）购买区域设计：对玩家选中的商品名称、数量、作用进行简要描述，为玩家提供购买的按钮、购买数量增减的按钮，告知玩家花费的金额以及账户中剩余的金额。最终效果如图4-63所示。

（4）细节完善：放入商城导购的侍女、云彩等细节元素；使用钢笔工具绘制面板下方的花瓣，并为花瓣添加渐变效果，注意花瓣形状的多样性；使用画笔工具添加发光粒子效果。完成效果如图4-60所示。

【素材所在位置】素材/第4章 /03 仙缘手机App商城页设计

本章总结

本章围绕游戏类手机App界面设计，详细讲解了游戏类App的常见类型，包括动作类游戏、冒险类游戏、角色扮演类游戏以及策略类游戏等；另外还讲解了大型多线目标游戏中常见的功能：英雄系统、背包系统、副本系统、军团系统、竞技场系统、玩家系统、商店系统以及攻略系统。

UI设计师在界面设计中，要注意3个设计原则，即易于学习、视觉统一、贴近现实。另外，

插头凤*2

插头凤可用于装饰女性仙侣，并大幅度增加仙侣的物理攻击

拥有　　99999

数量　−　2　＋

花费　　460

图4-63　购买区域

UI设计师在实际项目中，还应了解游戏开发团队的人员组成，常见的游戏开发团队包括：策划部、程序部、美术部以及运营部4个部门。

本章重点讲解了游戏类App在设计中面对游戏资源匮乏或质量不高的情况时，UI设计师应掌握的一些常用技巧以及注意事项，应学会灵活运用游戏资源，懂得游戏资源的重复利用以及优化配置。

本章作业

根据本章所学的游戏类App界面设计相关知识及技巧，制作一个游戏类App的背包界面，以供游戏玩家存放游戏中的各类道具。效果如图4-64所示。

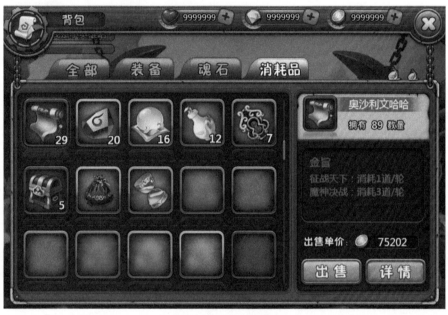

图4-64 背包界面

首先，在游戏界面风格方面，采用拟物化风格进行设计，保证背包面板与游戏道具图标之间的视觉风格统一。其次，在页面布局方面，UI设计师需根据游戏中常见的道具资源，使用标签卡的形式，对道具资源进行合理的分类。最后，在信息传达方面，UI设计师需对物品的数量进行标记，将道具按照从多到少依次递减的规律进行排列。另外，功能按钮上的文字需清晰易于辨认，放置在玩家易于操作的操作热区。

【素材所在位置】素材/第4章/04本章作业：游戏类App背包页设计

第 5 章

Pad端餐饮类App界面设计

学习目标

- 了解餐饮类App的常见分类方式及常见功能
- 了解Pad终端的基本情况，并掌握Pad端界面的设计规范
- 掌握Pad端界面设计的注意事项

本章简介

　　2018年9月20日，美团在香港证券交易所挂牌上市，开盘价74港元，较发行价大涨7.25%，市值达到4041亿港元（约合3527亿元人民币）。

　　在上市现场，美团创始人王兴特别感谢了苹果公司创始人乔布斯："如果没有苹果，没有移动互联网，当今外卖餐饮业的迅猛发展就不可能实现。"

　　Pad（Portable android Device）与智能手机同为便携的移动终端产品，其结合智能手机与台式机二者的优势，成为餐饮企业展示特色菜品、获取客户数据、扩大外卖商圈的重要工具。本章将以南丰鼎轩项目为例（该项目是为满足教学需要的虚拟案例），详细讲解Pad端餐饮类App界面的设计规范及技巧。南丰鼎轩Pad端界面效果如图5-1所示。

图5-1　南丰鼎轩Pad端界面

5.1　项目介绍

随着经济生活水平的提高，我国的餐饮文化已逐渐发生质的变化。对于大城市忙碌的白领一族而言，吃饭在乎的是方便快捷；对于追求生活品质的人而言，吃饭在乎的是餐馆菜式的美味可口；对于以家庭为核心的一大家子而言，吃饭追求的是健康安全。

参考视频：南丰鼎轩项目——Pad端App设计项目（1）

为了应对国人餐饮消费模式、消费心理、饮食文化观念等的变迁，各大餐饮品牌以手机与平板电脑作为切入口，大力变更餐饮业的销售渠道，丰富餐饮的展示模式，加大餐饮知识的传播力度，打造全方位的"互联网+餐饮"生态。

南丰鼎轩餐饮集团顺应时代潮流，借助互联网的优势健全公司的餐饮服务体系，提升餐厅服务质量。餐厅通过Pad端App取代传统的服务员手工点餐方式，并借由Pad端App全面展示餐厅的特色美食，取代传统的纸质菜谱，引领餐饮行业环保、健康的新风潮。

5.1.1　项目概述

南丰鼎轩餐饮集团自成立以来秉承"诚实守信、求变创新、传承中华传统美食"之理念广纳人才、服务大众，在选料、切配、烹饪各方面自成一家，独具特色，集团主要服务于京津冀地区核心商业经济圈。

近年来，伴随餐饮行业竞争的不断加剧，南丰鼎轩在传承传统饮食文化的同时，勇于接纳新兴事物，决定摒弃纸质菜单，采用更加智能和方便的Pad端点餐系统。Pad端点餐系统可以集菜品展示、自助点餐、呼叫服务、支付结算、优惠推广等功能于一身。

5.1.2　Pad端餐饮类App界面设计要求

下面以南丰鼎轩项目为例，讲解Pad端餐饮类App界面设计要求。

1．界面设计总体要求

在"互联网+餐饮"的生态模式下，服务员手工点餐、录入订单、现金结账的传统餐饮服务流程以及服务方式已难以适应当下消费者的需求。为避免出现消费者长时间排队等候点餐，点餐环境嘈杂，结账找零困难等现象，南丰鼎轩推出Pad端App点餐系统，优化传统的点餐服务体系，具体需求如下。

（1）兼顾iOS系统Pad端设计规范，符合移动端用户的使用习惯。

（2）以菜品展示为主，以提升服务质量为目标，整体界面简单、易用。

（3）节省餐厅人力成本，缩短消费者排队等候时间，营造安静良好的用餐环境。

（4）设计南丰鼎轩Pad端App启动图标、欢迎页以及点餐页，整体风格与南丰鼎轩视觉识别系统保持一致，体现老字号的特色。

2．功能要求

南丰鼎轩Pad端App以革新餐厅服务流程为主，后期版本迭代更新，需适配iOS系统，进驻

App Store，吸引更多线上客户，吸纳更多外卖订单，扩大线下门店的服务商圈。南丰鼎轩Pad端App 1.0版本主要功能如下。

（1）菜品展示：以精美大图为主、以文字说明为辅的形式，展示餐厅的所有菜品。文字内容需包含菜品的名称、食材以及价格等相关信息。

（2）菜式分类：以热菜、凉菜、甜品、酒饮等类别，对菜式进行分类展示。

（3）呼叫服务：消费者可在点餐、用餐、付款时，随时呼叫餐厅服务员。

（4）优惠推荐：对当前正在大力推广的新菜式进行前置推送。

（5）订单查看：消费者可以随时跟进厨房的出餐速度以及菜式的上餐情况。

（6）支付结算：消费者可以通过Pad端点餐系统，使用微信、支付宝等第三方支付方式进行餐饮结算。

3.　视觉风格要求

南丰鼎轩Pad端App点餐系统需提取移动互联网与传统品牌的基因，创造独具南丰鼎轩特色的用户界面。具体视觉设计要求如下。

（1）页面布局：以横屏进行设计，整体页面布局简洁、直观，适配苹果iPad mini界面，并通过大面积留白，打造舒适的视觉空间。

（2）视觉风格：所有页面采用扁平化设计风格，以图片展示为主，文字内容简洁、明了；简化所有操作流程，帮助消费者快速确定自己的菜单。

（3）配色设计：以高饱和度的宝蓝色作为主色调，以灰色作为辅助色，以红色作为点睛色，以白色作为界面背景色；背景可适当添加纹理图案，整体色调统一、协调。

（4）菜肴图片：所有菜品图片需为高清无码摄影大图，最终呈现的图片需经过后期精修，画面整体色调饱和度高，能通过诱人的视觉大图刺激消费者的味蕾。

5.2　餐饮类App设计理论

5.2.1　餐饮类App常见的分类

从整个餐饮行业来看，餐饮类App根据其主要功能及主要目标用户可分为4类：即餐饮外卖——平台服务类App、到店堂食——自主服务类App、商家管理——基础服务类App以及餐饮文化——知识传播类App。

参考视频：南丰鼎轩项目——Pad端App设计项目（2）

1.　餐饮外卖——平台服务类App

餐饮外卖——平台服务类App是餐饮类App中用户基数最大的第三方应用。截至2017年，我国餐饮外卖用户达到了7300万人，其潜在用户数量仍非常庞大。预计通过生态流量[①]建设，外卖服务平台可触达更加庞大的消费人群。餐饮外卖——平台服务类App的主要目标用户是城市白领以及在校学生等，为用户提供推荐附近商圈的美食，以及打折

---

① 生态流量是指通过微信、支付宝等作为外卖类App的引流入口，吸纳更多移动互联网生态系统中的其他用户，并将其转化为目标用户。

券、团购等优惠资讯。典型的餐饮外卖——平台服务类App包括美团、饿了么等。图5-2所示为饿了么Pad端界面。

图5-2　饿了么Pad端界面

2. 到店堂食——自主服务类App

到店堂食——自主服务类App是目前部分商家为到店堂食的消费者提供的自主点餐、自主加餐、自动结算、呼叫服务员的第三方应用。消费者可以通过商家提供的Pad设备或其他自助点餐机，浏览菜品及优惠信息，实现自助在线下单，避免长时间排队等候。麦当劳、肯德基、星巴克等品牌一般都提供到店堂食——自主服务类App，如图5-3所示。

图5-3　到店堂食——自主服务类App

3. 商家管理——基础服务类App

商家管理——基础服务类App的用户基数相对较少，主要目标用户是餐饮类的店家和相关从业人员。这类App主要面向目标群体提供食材物流管理、食材损耗管理、从业人员管理以及开店加盟资讯发布等基础服务功能。图5-4所示为百度糯米商家Pad端用户界面。百度糯米商家App主要为商家提供加盟开店、内容推广、商品管理等相关服务。

4. 餐饮文化——知识传播类App

餐饮文化——知识传播类App主要面向广大对美食感兴趣的"吃货"、对膳食搭配有独到见解的营养师、厨艺精湛的烹饪高手等，提供一个分享、学习与交流的平台。这类App一般兼具厨艺教学、美食资讯提供、购物交流和学习等多种功能。相关数据显示，自2013年起，这类App的用户规模呈现不断增长态势，2017年用户规模达到了5200万人。图5-5所示为豆果美食Pad端界面，豆果美食为用户提供详细的菜谱分类、健康管理资讯、母婴膳食科普以及教学视频等内容。

图5-4　百度糯米商家Pad端界面

图5-5　豆果美食Pad端界面

5.2.2 餐饮类App常见的功能

1. 精美大图展示

在菜品没上桌，没被品尝之前，展示菜品的精美大图是激发消费者食欲的最好的营销手段。在Pad端，用户界面相对于手机屏幕更为开阔，大图的视觉体验更佳，更能吸引消费者。

一般而言，Pad端中的图片展示方式有两种：一种是图集轮播。图片自动播放，消费者可以通过滑动图片浏览图集。如图5-6所示，商家将菜品图片制作成Pad端电子菜谱，消费者可以通过左右滑动切换图片。另一种是卡片化展示。图片与文字、图标以卡片式样进行布局，以静态图片的形式进行呈现。如图5-7所示，每张卡片仅展示一款菜品的大图及其文字介绍。

图5-6　图片轮播

图5-7　卡片化展示

2. 快捷的支付方式

所有与餐饮相关的第三方应用，都必须接入交易支付接口才能完成最后的支付流程。目前，国内较大的第三方支付平台包括：银联商务、支付宝、财付通、银联在线以及快钱等。餐饮类App具体提供哪种支付方式，要根据自身的业务情况而定。因为商家开通第三方支付平台接口需要缴纳一定的费用，费率最低为0.6%，最高为2%，具体的费率与交易的产品类型有关系。

Pad端支付界面一般以弹窗的形式出现，如图5-8所示，消费者点击"支付"按钮时，支付界面会弹出可供消费者选择的支付方式。UI设计师在设计第三方支付弹窗时，需明确公司可提供的接口，在需求不明确前，可适当留白，留出足够的版面空间。

图5-8　支付弹窗

3. 地图导航

餐饮类App凭借O2O模式"跑马圈地"，不断扩大对周边商圈的辐射力度。App将线上用户转移到线下消费，往往需要向用户提供餐厅的定位。地图导航功能与第三方支付功能一样，需要强大的技术支持，餐饮企业往往无力独自开发一个导航类应用。餐饮类App设置导航定位功能时，需要接入第三方地图导航类应用的API（Application Programming Interface，应用编程接口）。

图5-9所示为大众点评Pad端界面，用户点击界面中的导航地址，即可跳转至餐厅地图界面，用户可以选择手机安装的导航地图软件进行导航。

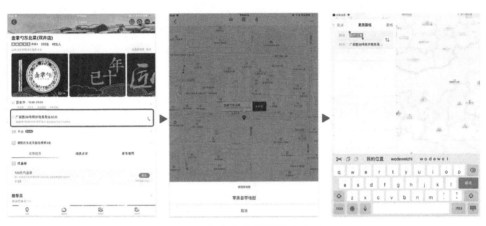

图5-9　大众点评界面导航功能

4. 餐位预订与外卖服务

线上餐位预订与外卖服务是餐饮类App的核心功能。据美团点评研究院发布的相关报告显示，中国2017年外卖市场规模约为2046亿元，在线订餐用户规模近3亿人。

餐位预订与外卖服务的目标用户虽然都是大城市的白领人群，但二者有较大的区别。首先，二者的高峰频段有所不同。外卖的高峰期一般集中在午饭时段，而餐位预订的高峰期多为靠近周末的时间段。其次，二者的服务店家有所不同。提供外卖服务的店家多为中小型餐饮品牌，依托于美团、饿了么等大平台引流，而提供预订服务的店家多为大中型餐饮品牌，依托于自建平台，以质量受到顾客的青睐。常见的自建餐饮平台包括海底捞、肯德基、麦当劳等。图5-10所示为肯德基移动端界面。

5. 分享传播功能

社交类App与餐饮类App互为表里，通过共享互联网生态数据流量，实现互利共赢。餐饮类App借助前者的媒体属性，通过分享功能以软广告的形式扩大自身产品的传播力度，并借其平台导入大量的用户，转化线上用户到店消费。除了社交类App以外，生活服务类App、支付结算类App都可成为外卖服务平台的重要流量入口。

如图5-11所示，用户可以在美团外卖App通过一键分享功能，将平台上的美食信息分享传播给微信好友、微信朋友圈及QQ好友。另外，美团外卖App还可以在美团平台以及微信平台上嫁接入口进行引流。

图5-10　肯德基移动端界面

图5-11　美团外卖分享传播功能

6. 优惠信息推送

餐饮类App之所以能快速搭建起商家与消费者之间双向互通的桥梁，优惠信息的广泛推送无疑是最重要的推动纽带。

餐饮类App优惠信息展示的方式非常多样、灵活。如图5-12所示，用户启动饿了么Pad端应用时，红包以模态视图的形式呈现，用户只有点击关闭按钮或领取红包，才能退出当前模态窗口，由此通过打断用户操作的方式推送优惠信息。另外，优惠信息还可以通过Banner图等方式进行宣传。

> **提示**
>
> 　　一般来说，餐饮企业并不设置产品设计部，所以并没有专职的产品经理、设计师和程序员。餐饮企业在App制作流程中一般都是"甲方"的角色，提出需求的同时还会对界面、技术和细节提出诸多的要求和建议。

　　设计师和产品经理需要整合餐饮企业提出的需求，对合理的部分予以保留，对不合理的部分提出异议和修改意见，出现分歧或意见不一致时要友好协商。

　　App上线之后会有大量的菜品图片和文字介绍，产品经理和设计师需要与餐饮企业提前协商，这部分内容是由餐饮企业直接提供（有时菜品的摄影图片可以直接从纸质印刷品的菜单中获得），还是由产品部重新拍摄和修改。并且，需要专门的编辑人员对这些材料进行归类、命名，对格式和规格加以修改。

图5-12　优惠信息的推送

5.3　Pad终端概述

5.3.1　Pad终端基本知识

　　Pad泛指平板电脑，而iPad专指苹果平板电脑。本节以讲解Pad的相关理论为主，iPad的相关理论为辅。

　　1．Pad

　　平板电脑是一种小型、方便携带的个人计算机，以触摸屏作为基本的输入设备。

参考视频：南丰鼎轩项目——Pad端App设计项目（3）

　　从微软最早提出的概念来看，平板电脑就是一款无须翻盖、没有键盘但功能完整的个人计算机。

　　使用Android系统的平板电脑，一般称作Pad。目前，比较流行的Android平板电脑有小米平板、三星平板等，如图5-13所示。

图5-13　小米平板电脑

2．iPad

iPad是由苹果公司于2010年开始发布的平板电脑系列，定位介于苹果的智能手机iPhone和笔记本电脑产品之间，可以提供网站浏览、电子邮件收发、电子书观看、音频或视频播放、游戏等功能。

有人曾说iPad应该属于一种介于平板电脑与台式机之间的分类——手本（手本是专为无线互联网设计的设备，脱离了以往平板电脑的概念）。严格意义上，iPad应该划入手本而不是平板电脑。不过人们通常还是习惯于将iPad归为平板电脑。iPad如图5-14所示。

图5-14　iPad

5.3.2　Pad端界面设计规范

1．屏幕尺寸

目前，依托于Android系统的Pad设备内置的应用多为原生系统中的App，第三方应用适配到Android系统Pad端的概率相对较低。鉴于Pad设备品牌众多，且各大厂商的屏幕尺寸种类非常多，因此，本节仅以iPad的各类屏幕尺寸为例，讲解Pad界面的相关设计规范。

根据市场调研机构的最新数据显示，苹果的iPad在2018年第一季度的市场占有率，创下四年来最高点：iPad目前的全球市场份额占比达到了28.8%，2018年第一季度共售出910万台iPad。

自苹果公司2010年发布第一款Pad产品以来，iPad的屏幕尺寸、屏幕分辨率以及操作系统不断升级换代。根据产品的型号划分，截至2018年，iPad主要屏幕分辨率大体分为4类：2732px × 2048px、2388px × 1668px、2048px × 1536px、1024px × 768px，如表5-1所示。

表5-1　iPad设备设计参数

设备	分辨率	状态栏高度	导航栏高度	标签栏高度
12.9英寸iPad Pro	2732px × 2048px	56px	108px	132px
11英寸iPad Pro	2388px × 1668px	—	—	—
iPad3/4/5/6	2048px × 1536px	40px	88px	98px
iPad1/2/Mini	1024px × 768px	20px	44px	49px

UI设计师在设计iPad设备的相关界面时，可以使用2048px×1536px这个尺寸进行设计，也可以参考测试机的尺寸进行设计。iPad设备上的界面内容可以在横向和纵向两个方向上查阅，但需要注意的是，iPad将纵向显示方向作为默认的查看方向。

2. 默认字体

目前苹果最新的操作系统是iOS 12，自发布iOS 9操作系统以来，苹果官方推出全新的中文默认设计字体——苹方，英文字体则可使用Helvetica等。

苹方字体相对于以往发布的中文设计字体，笔画更为纤细。以往受到硬件设备的束缚，iPad 1以及iPad 2的屏幕分辨率相对较低。为了保证文字的清晰度，设计师往往选择笔画更为粗犷的字体进行设计。随着硬件设备的更新换代，Retina屏幕的高分辨率能保证用户清晰地浏览界面中的文字内容。因此，设计师目前选择使用笔画更为纤细的字体，可以提升界面的整体设计感。

> **小知识**
>
> 在Android系统上最受欢迎的英文字体是Droid sana fallback，这是谷歌的字体，与微软雅黑字体很像；中文字体是方正兰亭黑体（注意方正字体的版权问题）或微软雅黑。文字大小的选用仍然要以用户识别度为第一要务。
>
> Android系统支持内嵌字体。因此，如果是厂家定制的平板电脑，可以考虑内嵌一款符合产品需求的字体。但在内嵌字体的时候，还要考虑文字大小与系统运行速度的匹配。

5.3.3 Pad端界面设计注意事项

UI设计师在设计Pad端界面或把一个App产品从其他终端适配到Pad端时，需要注意Pad端用户的操作习惯与系统自身的设计规范，并对功能层级进行系统的梳理，对页面功能进行合理的布局。

（1）任务场景与操作方式对界面设计的影响。用户使用Pad设备的任务场景与操作方式是相互关联的。例如，用户坐公交车时使用Pad，多为单手操作设备；而当用户在室内有支撑介质的情况下使用Pad时，可以放置在平稳的平台上双手操作设备。为此，UI设计师要根据用户在Pad设备上使用App的任务场景和操作方式，对App的功能进行合理的布局。无论是单手还是双手操作Pad，手掌都会遮蔽一部分屏幕，所以，设计师不要将重要区域放置在Pad边缘容易被遮住的区域，要放置在易于点击的区域。

（2）不同终端设备相互适配对界面布局的影响。当同一款App产品同时存在于Web端、手机端和Pad端时，其视觉风格要保持统一，要让用户感觉到无论在哪种设备上使用，都是同一款产品。图5-15所示为同一款产品同时适配到Web端、手机端和Pad端的效果图。Pad界面相对于智能手机更为开阔，所以常用的功能可以放置在用户易于操作的区域，不常用的功能一般也不需要折叠、隐藏。由于Pad屏幕能承载更多的内容，只需要将其视觉效果弱化，放置在用户相对难于触碰的位置，避免用户来回切换页面即可。如图5-16所示，Pad端通过分栏视图，可以将页面一分为二。另外，用户往往使用食指操作Pad界面，相对于Web端使用鼠标能够精准操作而言，Pad界面中可触发的按钮与图标，需要保证足够的焦点区域，以避免误操作。

图5-15　同一产品不同终端统一的视觉效果

iPad设置界面　　　　　　　　　　　　　　　　**iPhone设置界面**

图5-16　Pad端分栏视图

（3）横竖屏切换对用户界面内容的影响。当用户界面方向发生变化时，需要避免重要区域及重要内容发生变化，否则用户很容易产生混乱和失控感。如果App只支持一个方向，那么请在第一时间明确告知用户需旋转屏幕至正确位置。由于横屏显示需要提供更大的界面宽度，设计师可以使用拆分视图的方式来进行横屏和竖屏的设计。如图5-17所示，Pad端邮件App在横屏中使用了左侧导航列表，在竖屏中则使用了气泡框。iOS系统在审核时，能同时提供双向浏览的App更容易被通过。

图5-17　Pad端邮件App横屏与竖屏界面

5.4　项目设计规划

5.4.1　主要目标用户分析

南丰鼎轩一直以优质的服务和独到的菜式，持续吸引消费者光临餐厅，其主要消费群体的特征归纳如下。

（1）消费理念：吃饭宴请选择的餐厅要有一定档次，菜式要稍微精致一些。

（2）年龄特征：以中青年商旅人士为主，他们对于移动互联网产品比较熟悉，但不是资深用户，对于繁杂的交互操作比较陌生。

（3）经济实力：有较强的经济实力，生活水平相对较高。

（4）审美偏好：喜欢典雅、有传统文化底蕴的餐馆，生活有品位。

参考视频：南丰鼎轩项目——Pad端App设计项目（4）

5.4.2　功能层级梳理

南丰鼎轩Pad端App的主要目标用户为来餐厅就餐的客人以及餐厅服务人员。App需要同时提供客人和餐饮服务人员两个入口，点餐页分为客人选择菜品的页面和餐厅服务人员选择桌位的页面。

南丰鼎轩Pad端App是在企业内部定制的点餐系统，目前只支持横屏显示，所以不需要进行竖屏的适配。界面风格要求体现中餐厅特色，尽量采用中国风的传统元素设计。界面布局简单，便于用户操作。南丰鼎轩Pad端App需要设计的主要低保真原型图页面如下。

（1）欢迎页：App启动后的第一个界面，主要显示公司Logo和欢迎信息。Logo居中显示，体现中式的对称美学。原型图如图5-18所示。

（2）点餐页：主要明确菜品的分类，菜品的类型包括：凉菜、热菜、海鲜、甜品、酒水饮料；另外还提供点餐与桌位入口，原型图如图5-19所示。

图5-18　欢迎页原型图

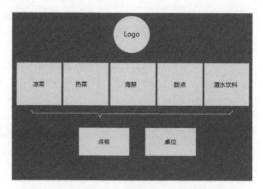

图5-19　点餐页原型图

（3）桌位页：提供桌位的选择，显示餐厅内所有桌位的就餐情况，区分目前已预定、正在就餐与闲置的桌位。其原型图如图5-20所示。

（4）菜品展示页：客人可以分类查找餐厅内目前可供应的菜品，以卡片化布局形式展示菜品的名称、价格以及主要配料等相关信息。原型图如图5-21所示。

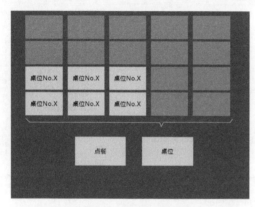

图5-20　桌位页原型图

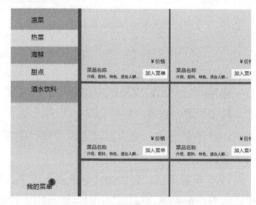

图5-21　菜品展示页原型图

（5）点餐购物车页：为客人呈现已预订的桌号、消费总金额、菜品名称、数量等相关信息。原型图如图5-22所示。

（6）订单详情页：主要显示订单提交成功提示、提交时间、菜品名称、制作时间、状态（已经上桌、制作中等）。原型图如图5-23所示。

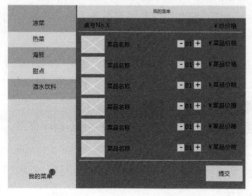

图5-22　点餐购物车页原型图

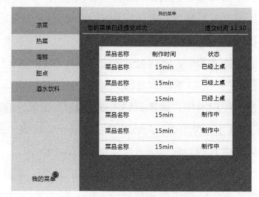

图5-23　订单详情页原型图

5.5　Pad端餐饮类App界面设计实操

下面以南丰鼎轩项目为例，具体讲解Pad端餐饮类App界面设计过程。

> **项目设计要求**

（1）界面设计尺寸：1024px×768px。

（2）启动图标设计尺寸：1024px×1024px。

（3）分辨率：72ppi。

（4）中文字体：动态文字使用微软雅黑字体，静态文字使用适合项目需求的中国风的毛笔字体。

（5）针对平台：Android系统。

> **技能要点**

（1）Pad界面设计的基本规范。

（2）Pad界面设计技巧及注意事项。

（3）Pad界面功能元素的布局方法。

5.5.1　餐饮类App启动图标设计

南丰鼎轩Pad端App启动图标设计完成效果如图5-24所示，具体设计步骤如下。

（1）确定基本结构：新建1024px×1024px的画布，分辨率为72ppi。使用圆角矩形及椭圆工具绘制基本的结构；选择中国风的毛笔字体，输入"南"字，调整位置及大小，图标效果如图5-25所示。

图5-24　南丰鼎轩App启动图标

图5-25　确定基本结构

图5-26　确定基本色调

（2）确定配色方案：确立主色调为蓝色（色值为#0059ba）并选用青花瓷色泽进行搭配（色值为#e7f6fb），打造柔和的视觉效果，效果如图5-26所示。

（3）确定质感纹理：为文字及背景添加渐变叠加及内阴影效果，置入青花瓷器纹理，最终启动图标效果如图5-24所示。

> **注意**
>
> （1）设计师应合理选择素材图片对界面进行设计。注意并不是由素材决定视觉风格，而是先确定视觉风格，再选择符合要求的素材图片。
>
> （2）设计师应选择分辨率和尺寸较大的素材，否则容易产生虚边或锯齿。
>
> （3）设计师要注意素材图片的版权问题，避免由于版权纠纷引起的麻烦。

5.5.2　餐饮类App欢迎页设计

南丰鼎轩App欢迎页设计完成效果如图5-27所示，具体设计步骤如下。

（1）定义图案：将祥云花纹图案置入Photoshop软件中，执行菜单栏"编辑—定义图案"命令，对祥云图案进行定义，如图5-28所示。

图5-27　南丰鼎轩App欢迎页

图5-28　定义图案

（2）背景图案设置：新建一个1024px×768px的画布，分辨率为72ppi。新建一个宝蓝色背景图层，并添加图案叠加样式，在图案选项组中选择定义好的祥云图案，适当调整其缩放值，将祥云进行平铺。效果如图5-29和图5-30所示。

（3）完善整体内容：置入白色中国风花纹图案，并使用矩形工具绘制文字的衬底背景，输入所有文案，完成效果如图5-27所示。

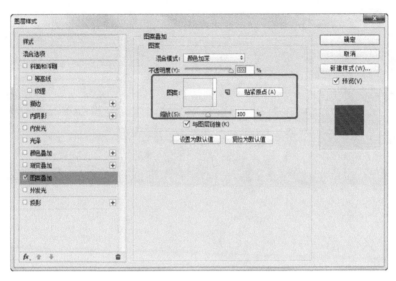

图5-29　添加图案叠加

图5-30　背景纹理效果

经验分享

（1）当界面比较平铺直叙时，设计师可以在大幅的颜色上增加纹理，让界面显得更加细腻。使用图层样式的图案叠加可以很方便地为背景增加细腻的纹理效果。

（2）字体需要与中国风的界面风格保持一致，选择隶书和毛笔字体，可以与主题相互呼应。

5.5.3　餐饮类App点餐页设计

南丰鼎轩App点餐页设计完成效果如图5-31所示。

图5-31　南丰鼎轩App点餐页

南丰鼎轩App点餐页设计步骤如下。

（1）背景设置：新建一个1024px×768px的画布，分辨率为72ppi。新建白色与宝蓝色图层，并为图层添加图案叠加纹理；使用钢笔工具与直接选择工具适当调整宝蓝色背景图层的形状。效果如图5-32所示。

图5-32　背景图层

（2）按钮与花纹设置：置入中国风的图案纹理，装饰页面头部；置入青花瓷花纹，制作点餐与桌位按钮，效果如图5-33所示。

图5-33 按钮与花纹的设置

（3）分类选项卡设置：使用矩形工具绘制分类选项卡的背景，并添加中国风花纹图案进行修饰，适当添加投影等图层样式。使用椭圆工具绘制圆形并置入图片，执行剪切蒙版命令，完成效果如图5-31所示。

经验分享

（1）全屏都使用深蓝色会让人感到压抑，所以建议整体采用上下结构，下方用白色平铺，以增加细微的质感变化。

（2）图片选择具有代表性的招牌菜品，尽量选择光源统一、颜色比较鲜亮的图片。

（3）所有图标采用圆形。圆形是最稳定的图形，也是最能体现中国"和"文化的图形。文字和边框均增加传统的中国风花纹作为装饰。

本章总结

本章首先讲解了餐饮类App常见的分类方式以及常见的功能等相关理论知识。其次，针对Pad端用户界面设计，简述了Pad端的发展概况，重点讲述了iPad各类设备的屏幕分辨率以及iOS系统、Android系统中常用的默认字体，各种屏幕分辨率所对应的状态栏、导航栏以及标签栏的高度。

UI设计师在设计或适配Pad端App界面时，要注意3点：①任务场景与操作方式对界面设计的影响；②不同终端设备相互适配对界面布局的影响；③横竖屏切换对用户界面内容的影响。

本章作业

根据本章所学的iPad界面的设计规范与设计注意事项，临摹一个Pad端餐饮类App菜品展示界面，效果如图5-34所示。具体设计要求如下。

（1）尺寸要求：适配iOS系统下iPad 6的界面尺寸：2048px×1536px，分辨率为72ppi。

（2）页面布局：最终呈现的视觉效果可以与效果图有所区别，效果图采用上下布局的方式，UI设计师临摹时可将导航栏居于页面左侧，菜品居于页面右侧显示。

（3）细节要求：所有菜品采用统一的卡片式设计，要求包含菜品的图片、名称与价格。

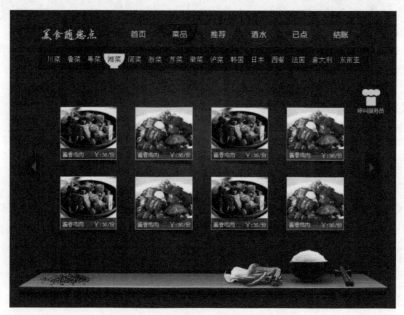

图5-34　餐饮类App菜品展示界面